水科学博士文库

Two-phase Flow Models for
Sediment Transport

水沙两相流数学模型及其应用

施华斌 著

中国水利水电出版社
www.waterpub.com.cn
·北京·

内 容 提 要

本书在水沙两相流理论体系上,构建了适用于低含沙水流悬移质运动的 Eulerian - Lagrangian 水沙两相流模型和适用于复杂自由水面流动下输沙问题的双流体模型,讨论了颗粒与紊流的相互作用,研究了疏浚抛泥问题中自由水面波动下泥沙云团的运动特点,为深入研究水沙运动机理奠定了基础。

本书可供泥沙动力学相关专业的科技工作者阅读,也可供高等院校相关专业师生参考。

图书在版编目(CIP)数据

水沙两相流数学模型及其应用 / 施华斌著. -- 北京:中国水利水电出版社, 2017.12
 (水科学博士文库)
 ISBN 978-7-5170-6137-3

Ⅰ.①水… Ⅱ.①施… Ⅲ.①河流-含沙水流-两相流动-数学模型 Ⅳ.①TV143

中国版本图书馆CIP数据核字(2017)第306095号

书 名	水科学博士文库 **水沙两相流数学模型及其应用** SHUI SHA LIANGXIANGLIU SHUXUE MOXING JI QI YINGYONG	
作 者	施华斌 著	
出版发行	中国水利水电出版社 (北京市海淀区玉渊潭南路1号D座 100038) 网址:www.waterpub.com.cn E-mail:sales@waterpub.com.cn 电话:(010)68367658(营销中心)	
经 售	北京科水图书销售中心(零售) 电话:(010)88383994、63202643、68545874 全国各地新华书店和相关出版物销售网点	
排 版	中国水利水电出版社微机排版中心	
印 刷	天津嘉恒印务有限公司	
规 格	170mm×240mm 16开本 7.75印张 108千字	
版 次	2017年12月第1版 2017年12月第1次印刷	
印 数	0001—1200册	
定 价	**38.00元**	

凡购买我社图书,如有缺页、倒页、脱页的,本社营销中心负责调换

版权所有·侵权必究

前言

泥沙运动是河流及河口海岸地区十分重要的自然现象，是河道演变、航道淤积、岸滩侵蚀等过程中的关键动力因素，是河流与近岸海域生态环境的重要影响因子。深入研究水沙运动机理、把握输沙规律对于河流与近岸海域的保护和管理具有重要意义。水沙两相流数学模型能够较为精细地描述水沙两相间的相互作用，构建高精度、适用性强的水沙两相流模型，对于探究水沙运动机理、完善泥沙运动理论大有裨益。

本书旨在完善和发展水沙两相流理论，在前人工作的基础上引入新的研究思路与数值技术，发展水沙两相流数学模型并拓宽模型应用范围，为深入研究水沙运动机理奠定基础。全书共5章：第1章为绪论，重点介绍了水沙两相流数学模型的发展；第2章基于固体颗粒在紊动水体中的扩散理论构建了一套适用于低含沙水流悬移质运动的 Eulerian-Lagrangian 水沙两相流模型，关注泥沙颗粒与紊流间的相互作用；第3章应用构建的 Eulerian-Lagrangian 两相流模型模拟二维明渠恒定均匀流下悬移质的浓度分布，讨论粒径对泥沙扩散系数的影响；第4章引入光滑粒子水动力学方法，构建了一套适用于复杂自由水面流动下输沙问题的双流体模型；第5章利用该模型研究了疏浚抛泥问题，讨论自由水面波动下泥沙云团的运动特征。

本书是在博士学位论文的基础上完善修改而成的，借此机会特别感谢我的指导老师余锡平教授，老师多年来的悉心指导与无私帮助是本书得以完成的重要支撑。本书的研究工作得到了科技部国家科技支撑计划项目（2015BAB07B07）和中国博士后科学基金面上项目（2017M610908）的支持，其中科技部国家科技支撑计划项目资助了本书的出版，在此一并表示感谢！

泥沙运动力学涵盖的内容极为宽广，本书所谈及的问题仅仅是其中的一点，旨在为深入研究水沙运动机理提供有效的工具。由于水平有限，书中难免存在疏漏与不足，恳请读者批评指正。

作者
2017 年 10 月

主要符号对照表

a	参考高度
c_s	声速
C_D	拖曳力系数
C_M	附加质量力系数
d_p	泥沙颗粒粒径
f	水相
$\boldsymbol{F}_A$	附加质量力
$\boldsymbol{F}_{Af}$	泥沙对水相的作用力
$\boldsymbol{F}_C$	泥沙颗粒间碰撞作用力
$\boldsymbol{F}_D$	拖曳力
$\boldsymbol{F}_G$	质量力
$\boldsymbol{F}_H$	历史力
$\boldsymbol{F}_L$	升力
$\boldsymbol{F}_p$	压差力
Fr	流场弗劳德数
$\boldsymbol{g}$	重力向量
h	水深
k_f	水相紊动能
l	流场掺混长度
l_c	紊动涡特征空间尺度
l_w	尾流区长度
p	压力
Re	水流雷诺数

符号	含义
Re_p	泥沙颗粒雷诺数
Sc	泥沙施密特数
St	颗粒斯托克斯数
t_c	泥沙颗粒穿过紊动涡所需时间
t_e	紊动涡特征时间
$\boldsymbol{u}$	速度
u_*	剪切速度
$\boldsymbol{u}_p$	泥沙颗粒雷诺时均速度
$\boldsymbol{u}'_p$	泥沙颗粒脉动速度
$\boldsymbol{u}_{rel}$	泥沙颗粒相对流场的速度
V	控制体体积
$\boldsymbol{x}$	笛卡儿坐标
$\boldsymbol{x}_p$	泥沙颗粒的坐标
α_f	水相体积浓度
α_s	泥沙体积浓度
α_{s_m}	泥沙最大体积浓度
$\beta_{\text{best-fitted}}$	Rouse 公式最优拟合参数
φ_1	高斯随机数
κ	卡门常数
$\boldsymbol{\Gamma}$	流场脉动速度的空间相关系数矩阵
ρ	密度
λ_d	泥沙浓度相关修正系数
ε_f	水相紊动能耗散率
ε_s	泥沙紊动扩散系数
σ_{u_f}	水流速度的脉动强度
τ	应力张量
τ_{int}	泥沙颗粒与紊动涡相互作用的时间
τ_p	泥沙颗粒反应时间
ν_{f0}	水相运动黏性系数

ν_{ft}	水相动量扩散系数
ν_f^{SPS}	水相 SPS 涡黏性系数
ν_s^{SPS}	泥沙相 SPS 涡黏性系数
$\boldsymbol{\omega}_f$	剪切流场的涡量
ω_s	泥沙颗粒沉速
Δk	紊动能增量

前言
主要符号对照表

第 1 章　绪论 …………………………………………………………… 1
1.1　泥沙运动研究 …………………………………………………… 1
1.2　水沙数学模型的发展 …………………………………………… 3
1.3　水沙两相流数学模型 …………………………………………… 4
1.4　本书主要内容 …………………………………………………… 8

第 2 章　Eulerian – Lagrangian 水沙两相流模型 ………………… 10
2.1　控制方程 ………………………………………………………… 10
2.2　颗粒扩散随机模型 ……………………………………………… 19
2.3　方程的离散与求解 ……………………………………………… 24

第 3 章　Eulerian – Lagrangian 模型在均匀流悬移质输沙中的应用 …………………………………………………………… 27
3.1　物理问题与计算条件 …………………………………………… 27
3.2　悬移质浓度分布 ………………………………………………… 31
3.3　涡相干模型的不同修正 ………………………………………… 41
3.4　Rouse 公式修正 ………………………………………………… 47

第 4 章　基于 SPH 方法的双流体模型 …………………………… 50
4.1　SPH 数值方法 …………………………………………………… 50
4.2　控制方程 ………………………………………………………… 57
4.3　方程的离散与求解 ……………………………………………… 69

第 5 章　基于 SPH 方法的双流体模型在疏浚抛泥中的应用 …… 78
5.1　物理问题与计算条件 …………………………………………… 78

  5.2 敏感性分析 ·· 81

  5.3 泥沙云团的运动特征 ······························ 84

  5.4 自由水面的运动特征 ······························ 92

参考文献 ··· 94

第1章 绪　　论

1.1 泥沙运动研究

泥沙运动是河流及河口海岸地区十分常见且非常重要的自然现象，是河流演变、河床冲淤、桥墩冲刷、航道淤积、岸滩侵蚀等自然过程中关键的动力因素。把握泥沙在各种复杂水动力条件下悬扬、沉降及输运的特点是河道整治、水库淤积防治、航道疏浚、海港建设、岛礁扩建、海上航道维护等重要工程中亟待解决的科学问题，也是我国实施海洋强国战略和海上丝绸之路经济带建设中需要解决的实际问题。

改革开放以来，我国沿海地区发展迅速，对河口海岸地区的利用也更加充分，建设了一批重大的港口、航道、跨海大桥等工程，极大地促进了沿海地区的经济发展。随着海洋强国战略的深入实施，沿海地区经济将会有更进一步的发展，对港口航道的要求将会越来越高，对土地资源的需求越来越大。为了更充分有效地利用沿岸土地资源或出于调整地区经济布局的需要，在一些原本认为不利于建设深水港的地区也有可能规划兴建大型港口，这种情况下要求在海港的规划、建设及运行阶段都要对泥沙淤积问题有足够的认识。河北黄骅港便是在被认为不宜建设大型港口的粉砂质海岸上修建的 20 万吨级综合型大港，港区内粉砂运动活跃，易造成航道淤积（孔令双，2001），工程建设过程中泥沙淤积问题十分突出，运行期外航道的淤积也给港口维护带来了很大的困难（杨华和侯志强，2004）。

航道淤积是海港建设与维护中普遍面临的问题，其与潮流、波浪、入海河流、泥沙来源等各种复杂因素相关，在实际工程中很难得到妥善的解决。如长江口深水航道在整治后每年有大量的泥沙回淤,需要定期进行疏浚作业才能保证大吨位船舶的航行安全,而对于回淤泥沙的来源至今仍没有统一的认识。海上丝绸之路经济带建设将对航道提出更高的要求,解决航道淤积问题迫在眉睫。

　　岛礁的保护与建设是开发利用海洋资源的另一重点。岛礁扩建是合理开发利用岛礁资源、保护海岛生态环境、维护海洋权益的有效手段,其包含陆域吹填、清淤疏浚以及开挖填埋等具体工程,这些工程中存在的大量与泥沙运动相关的关键技术问题仍没有得到圆满的解决。如吹填过程中产生的悬浮泥沙将会影响吹填区水体的水质(吴英海等,2005),造成水体浑浊、透明度下降,影响岛礁周围水域水生植物的光合作用,在工程规划设计阶段需要进行专门的研究。

　　可见,深入研究泥沙运动特点、把握输沙规律对于沿海地区工程建设与经济发展具有重要意义。

　　数十年来,泥沙问题在工程实践中得到了充分的重视,针对泥沙运动的科学研究已逐渐形成了一门重要的学科分支——泥沙动力学。泥沙运动是一个多尺度的动力学过程,从大尺度的河流演变、岸线侵蚀到小尺度的底床泥沙颗粒起动都是泥沙动力学的研究对象。研究泥沙运动的方法包括理论分析、物理模型实验、现场观测以及数值模拟,各种方法有其各自的特点,适用于不同尺度的泥沙运动问题,多方法联合运用也受到越来越多的关注。

　　泥沙运动是一个非常复杂的非恒定、非线性动力学过程,除少数简单情况外,采用理论分析方法求解泥沙运动还存在很大难度。实验室物理模型实验是研究泥沙运动的重要手段,如在三峡工程等重大工程的前期研究中,往往需要开展物理模型实验以研究泥沙淤积问题。可靠的物理模型实验能够得到较为准确的输沙量、泥沙浓度等泥沙运动关键物理量的数据,揭示各种水动力条件下的泥沙运动规律,为实际工程提供直观参考。但物理模型实验耗费大量的人力物力,占用场地资源,实验数据的准确性依赖于实验设备与观测技术,成本很高。相比较而言,数值模拟方法成本较低、限制条件较少、能够模拟复杂或理想的工况,应用范围很广(李勇,2007)。随着计算机性能的飞速提高,数值模拟技术在泥沙运动研究中发挥着越来越重要的作用。

1.2 水沙数学模型的发展

传统泥沙理论将水体中运动的泥沙分为推移质与悬移质,采用不同的方法与模型对其分别进行研究。推移质的研究以野外观测和实验室物理模型为基础,结合泥沙颗粒受力及运动机理的分析,最终建立推移质输沙公式(钱宁和万兆惠,1983)。而悬移质被视为含沙水流中的一种溶质,采用对流扩散模型并引入各种经验和半经验公式进行讨论。

对流扩散模型是泥沙运动研究中应用得最为广泛的一类模型,自 20 世纪 30—40 年代被提出后(O'Brien,1933;Dobbins,1944)受到了广泛关注并不断被完善,大量应用于实际工程问题的研究(Zhou 和 Lin,1998)。Rouse(1937)从扩散方程出发得到经典的悬移质分布公式;Hunt(1953)基于泥沙输移扩散质量守恒、考虑泥沙对水相体积的影响,修正了恒定均匀流悬移质浓度分布公式。窦国仁(1963)较早地将其应用在潮汐水流下悬移质分布的计算中,Fang 和 Wang(2000)拓展了三维对流扩散模型并将其应用于实际工程泥沙问题。对流扩散方程基于泥沙的被动输运,忽略泥沙与水流的水平向相对速度,考虑泥沙紊动扩散与重力沉降的平衡,模型理论简单,计算方便。不过,对流扩散方程中采用的许多假设和简化在推移质输沙中存在较多的问题,模型无法用来描述推移质的运动。故而,对流扩散模型常仅用于悬移质的计算,而采用其他方法描述推移质运功,悬移质对流扩散方程需要根据推移质的研究给定底部边界条件。一定限制条件下,结合相应的推移质输沙公式,对流扩散模型能够较好地描述悬移质浓度分布及悬移质输沙量,满足描述工程尺度泥沙问题的精度要求,被广泛应用于各种实际工程中的泥沙问题研究。目前国际上通用性较强的 FLUENT、

MIKE、DELFT 以及 ADCIRC 等商业软件均采用对流扩散模型模拟悬移质泥沙的运动。

然而，对流扩散模型对含沙水流的两相流本质反映得并不充分，部分计算参数与底部边界条件需要由经验公式给定，精度得不到保证。模型采用颗粒沉速描述泥沙与水体的相对运动，忽略两相水平方向上的相对速度，也不考虑泥沙相对水相运动的影响。在非恒定水动力条件下，水沙两相的运动在竖直和水平方向上均存在明显的相位差，影响泥沙浓度及输沙量的时空变化，对流扩散模型便无法描述这一现象。另外，悬移质与推移质的区分引入了参考浓度与参考高度的概念，通常情况下，参考浓度作为对流扩散模型的边界条件由经验公式给定（Engelund 和 Fredsoe，1976）。然而这些经验公式大多基于恒定流假设（Garcia 和 Parker，1991），是否适用于非恒定输沙情形还有待讨论。泥沙扩散系数、沉降速度等模型的关键参数在非恒定、高浓度、大粒径、强非线性等复杂输沙情形下的取值均需要进一步讨论。总的来说，对流扩散模型理论简单、计算方便，一定条件下能够满足实际工程问题的要求，但由于简化过多、对经验公式依赖性强，并不宜用于研究泥沙运动的机理。

本质上，水沙运动属于两相流动，采用两相流数学模型能更准确地描述水沙两相间的相互作用。近 20 年，水沙两相流模型的研究与应用发展较快，Dong 和 Zhang（2002）、Liu 和 Sato（2005，2006）等利用两相流数值模型讨论了波浪作用下层移输沙问题，进一步丰富了泥沙动力学的相关理论。然而，两相流模型涉及的影响因素较多，现有模型存在着大量的简化，并不能真正全面准确地反映水沙两相相互作用，很多情况下还达不到实际问题的要求。一个能够适用于高浓度、粗粒径、强非线性等复杂条件下的泥沙运动，可应用于实际工程问题的完善的水沙两相流数学模型仍在期待中。

1.3　水沙两相流数学模型

含沙水流本质上属于两相流。早在 19 世纪便有学者基于两相流

1.3 水沙两相流数学模型

思想研究明渠水沙运动（刘大有，1993），但针对两相及多相流的系统性研究主要还是从20世纪40年代才开始，研究成果分散在各个领域。20世纪60年代后，多相流理论得到了快速的发展，越来越多的学者开始研究多相流运动规律并建立了基本控制方程（Panton，1968），发展用于模拟多相流动的数学模型，在热动力学、燃烧控制、环境、石油等领域取得了长足的进步，多相流研究逐渐形成了一个独立的学科方向。多相流运动普遍存在于自然界与人类生产活动中，固体、气体与液体两相及多相之间的相互影响非常复杂，很多机理性问题并没有研究清楚，多相流理论仍然有很大的发展空间。

根据对各相描述方法的不同，目前应用于含沙水流的两相流模型可以分成三类：Eulerian – Lagrangian 模型（颗粒轨道模型）、Eulerian – Eulerian 模型（双流体模型）与流体拟颗粒模型（Elghobashi，1994）。各类模型具体的特点将在下面进行介绍。不论构建哪一类水沙两相流模型，都必须要解决以下三个难题：计算两相相间作用力、描述泥沙颗粒在紊动水体中的运动并估算泥沙对紊流的影响、模化泥沙颗粒间的相互作用。两相相间作用力种类繁多且影响因素复杂（Maxey 和 Riley，1983），到目前为止，对两相流模型中应该包含的相间作用力种类及其具体的计算公式仍然没有统一的认识。Bombardelli 和 Jha（2009）认为除了拖曳力，其他的水沙两相相间作用力均可忽略不计；而 Fu 等（2005）认为升力对泥沙颗粒在水体中的紊动扩散起着非常重要的作用，在模型中必须考虑。准确描述泥沙颗粒在紊流中的运动及泥沙对紊流的反作用更加困难。泥沙颗粒在紊动水体中的起扬、悬浮和下沉是固体颗粒与紊动漩涡相互作用的结果，是一个非常复杂的非线性过程。而泥沙颗粒在响应紊动的同时会增强或者削弱水体紊动，两种效应在实验中均有观测（Gore 和 Crowe，1989；Crowe，2000；Noguchi 和 Nezu，2009）。目前，对这一现象的内在机理还没有统一的认识，在两相流模型中如何模化更是仁者见仁、智者见智。泥沙相内颗粒间作用力的模化对高浓度输沙的研究有重要意义，决定了模型在高含沙水流问题中的精度。现有的两相流模型中，双流体模型将颗粒粒间作用力模化为泥沙动量方程中的黏性应力,而颗粒轨道模型直接计算泥沙颗粒间的碰撞作用力。两种处理办法各有特点,也都存在一些亟待解决的问题。

1.3.1 Eulerian – Lagrangian 两相流模型

Eulerian – Lagrangian 两相流模型又被称为颗粒轨道模型,其视水相为连续介质、泥沙相为分散介质,采用连续方程与动量方程描述水流运动,利用运动方程跟踪计算每一个泥沙颗粒的轨迹。颗粒运动方程中考虑水流对颗粒的作用力以及颗粒粒间碰撞作用力,最经典的运动方程是 Boussinesq、Besset 和 Oseen 提出并由 Maxey 和 Riley(1983)等学者完善的 B.B.O 方程(Auton 等,1988;Hinze,1975)。颗粒轨道模型中,泥沙相对水相的作用反映在以下几点:水流控制方程中两相体积分数、水相动量方程中泥沙对水流的反作用力、水相紊流模型中与泥沙体积分数相关的修正项。模型不需要给定参考浓度等经验性的边界条件,直接考虑颗粒与壁面的碰撞作用。通过跟踪大量泥沙颗粒的运动,获得固相统计平均的运动特征,直观地反映水沙两相间及泥沙颗粒间的相互作用。模型理论简单、假设条件较少,符合含沙水流的两相流本质。

Eulerian – Lagrangian 两相流模型在热动力学中应用较多,广泛应用于固体颗粒在气流中扩散沉积特征的研究(Elghobashi 和 Truesdell,1992),但在水沙运动领域中的应用还有待发展。Drake 和 Calantoni(2001)与 Calantoni 和 Puleo(2006)基于离散元的思想跟踪层移质泥沙颗粒的运动,研究近岸层移输沙的特点;Ye-ganeh-Bakhtiary 等(2013)与 Hajivalie 等(2012)采用 RANS 方程与 k - ε 紊流模型描述波浪边界层,利用运动方程跟踪泥沙颗粒的运动,研究波浪条件下海底管道附近的冲刷;Ancey 等(2002)采用 Eulerian – Lagrangian 两相流模型讨论底床上泥沙跃移、滚动等运动特性。颗粒轨道模型能够直观刻画泥沙颗粒的运动轨迹,反映颗粒的动力学特性,有利于从颗粒尺度出发讨论泥沙运动机理。

当然,模型也存在一些需要完善的地方,如水流对颗粒作用力的计算公式大多基于一定的假设进行了简化，适用性与精度均需要进一步的讨论。应用于高含沙水流时，模型需要跟踪计算大量的泥沙颗粒，计算量相当可观。如何完善颗粒受力分析与计算、改进模型与算法以提高计算效率是 Eulerian – Lagrangian 两相流模型目前的研究热点。

1.3.2　Eulerian – Eulerian 两相流模型

Eulerian – Eulerian 两相流模型又称为双流体模型（two-fluid model）、连续介质模型，其将流体相与固体相均视为充满空间的连续介质，以两相的质量与动量守恒方程作为控制方程组。早期有学者将流体相的 NS 方程直接类比扩展到固体相，但其理论基础存在缺陷（Pope，1994）。后来的研究大多从两相微观局部的质量与动量守恒方程出发，采用时间或空间平均推导得到两相连续方程与动量方程。方程的基本形式与单相水流运动的控制方程类似，可以充分利用流体力学中已有的数值方法进行求解，理论体系较为完备，得到了学术界的广泛认可，代表性的有 Ishii（1975）的时间平均方程与 Drew（1983）的时间与空间双重平均方程。国内，刘大有（1993）、陈天翔（1986）及蔡树棠（1986）等针对两相基本方程的研究工作也非常具有代表性。然而，上述这些研究得到的基本方程数目较多，表达形式过于复杂，实际应用并不广泛。在具体的两相流问题分析中，需要简化模型方程，基于一定的假设得到紊流模型、流体本构关系、相间作用力公式等要素以封闭模型。

连续介质模型能够较为准确地描述含沙水流的两相流本质，方程计算能够应用流体力学中已有的研究成果，是目前水沙运动数值模拟中应用最为广泛的两相流模型（Hsu 等，2003，2004；Chen 等，2011a，2011b；Zhong 等，2011；Yu 等，2012）。Jha 和 Bombardelli（2009，2010）综述了连续介质模型在明渠悬移质输沙问题中的应用，着重讨论了模型中两相紊动的封闭方法。李勇和余锡平（2007）采用连续介质模型耦合 $k-\varepsilon-k_s$ 紊动模式对振荡往复流边界层悬移质浓度分布进行了讨论。Dong 和 Zhang（1999）与 Liu

和 Sato（2006）将双流体紊流模型应用到往复流及波浪条件下的层移输沙研究。近 30 年，双流体模型得到了极大的完善。例如，适用于连续介质假设的 $k-\varepsilon$ 双方程模型、高阶动量矩模型被用来模拟水沙两相的紊动，提高模型精度（周力行，1994；Elghobashi 和 Abou-Arab，1983）。再如，陈鑫（2012）通过在模型中较全面地考虑两相相互作用及颗粒粒间作用（包括相间作用力、泥沙浓度对标准 $k-\varepsilon$ 模型的修正、颗粒粒间应力），实现了对高浓度含沙水流的模拟。

双流体模型也还存在着不少问题，其对复杂动力条件下两相紊流的模拟仍然不能令人满意，对高含沙水流的计算精度还有待提高。一般来说，连续介质模型在描述输沙问题时仍然区分悬移质与推移质，依赖经验公式给定参考浓度、参考高度、底部边界条件等关键参数，在非恒定、强非线性输沙问题的应用中受到局限。

1.3.3 流体拟颗粒模型

流体拟颗粒模型将流体相与固体相均视为离散系统，分别由流体微团与固体颗粒组成，采用运动方程计算微团与颗粒的速度与位置，同时跟踪流体微团与固体颗粒的运动轨迹。模型概念简单，可以从颗粒尺度描述两相相互作用，原则上能够给出两相流动微观尺度的真实描述，并且可以为颗粒轨道模型与连续介质模型的封闭提供参考。然而，模型控制方程中各作用力项的模化十分复杂，尤其是流体微团和固体颗粒之间的相互作用如何描述还远远没有弄清楚。为保证流体运动的连续性，模型需要跟踪计算大量的流体微团，这进一步增加了模型的计算量，限制了模型的应用。总之，流体拟颗粒模型还处于初步探索阶段，其在泥沙动力学中的应用还需要突破众多壁垒。

1.4 本书主要内容

本书旨在完善和发展水沙两相流理论，在已有研究体系上引入新的研究思路与数值方法，发展水沙两相流数学模型并拓宽模型应用范围，为深入研究水沙运动机理奠定基础。全书共包括以下主要内容。

（1）基于 Eulerian – Lagrangian 观点和固体颗粒在紊动水体中的扩散理论，构建了一套适用于低含沙水流悬移质运动的水沙两相流模型。模型采用包含了泥沙体积浓度的雷诺时均控制方程与 $k-\varepsilon$ 紊流模型描述水相运动。视泥沙为分散介质，将泥沙颗粒的运动速度分解为时均流速与脉动速度，采用运动方程计算颗粒时均流速的变化，耦合涡相干模型描述泥沙颗粒在紊动水体作用下的脉动。考虑尾流对颗粒紊动的增强效应修正涡相干模型，提高模型模拟悬移质泥沙紊动扩散的精度。将模型应用于二维明渠恒定均匀流悬移质输沙，计算了不同大小的泥沙粒径条件下悬移质相对浓度的垂向分布，讨论了粒径对泥沙扩散系数的影响。结果显示，考虑尾流对颗粒紊动增强效应的 Eulerian – Lagrangian 模型能够准确模拟较宽粒径范围内的悬移质泥沙的紊动扩散。

（2）引入光滑粒子水动力学方法（smoothed particle hydrodynamics，SPH）构建了一套适用于复杂自由水面流动下输沙问题的双流体模型。模型对连续介质假设下推导的体积平均控制方程组进行空间滤波，采用 Smagorinsky 公式计算亚粒子应力。考虑两相相间作用力、泥沙颗粒粒间作用力以及泥沙对水相亚粒子应力的影响，模型能够较全面地反映水沙两相的相互作用。引入 SPH 方法离散控制方程，将含沙水流离散成一组 SPH 粒子，粒子以水相速度运动并携带两相物理信息。应用模型研究静水下抛泥问题，讨论泥沙云团的宽度、下沉速度及浓度分布的变化规律及自由水面的运动特点。结果显示，本书构建的 SPH 双流体模型能够较准确地描述自由水面波动下泥沙云团的运动特征，可用于水沙两相流问题的研究。

第 2 章　Eulerian–Lagrangian 水沙两相流模型

本章介绍构建的 Eulerian–Lagrangian 水沙两相流模型，并基于低浓度假设简化模型，以适用于低含沙水流中悬移质泥沙的运动。模型假设水流为充满控制体单元的连续介质，泥沙为分散介质。采用雷诺时均下的连续方程与动量方程计算水流的运动，应用 k-ε 模型描述水相紊动；采用运动方程跟踪每一个泥沙颗粒的轨迹，耦合涡相干模型描述泥沙颗粒在紊动水体中的脉动。水相控制方程由局部瞬时连续方程与动量方程通过体积平均推导而得，耦合泥沙体积分数、两相相间作用力及颗粒间的相互碰撞作用。泥沙颗粒运动速度分解为雷诺时均速度与脉动速度，采用运动方程计算雷诺时均速度的演变，包含拖曳力、升力、颗粒碰撞作用力等影响；采用涡相干模型计算颗粒脉动速度，描述泥沙颗粒在紊动水体中的脉动统计特性。考虑稀疏含沙水流中泥沙浓度较低，对两相控制方程进行一定简化，以应用于低浓度悬移质输沙问题。

2.1　控　制　方　程

2.1.1　水流控制方程

水流相内局部瞬时的质量守恒与动量守恒方程类似单相流体控制方程的形式，可以表示为：

$$\frac{\partial \rho_f}{\partial t} + \frac{\partial (\rho_f u_{fj})}{\partial x_j} = 0 \tag{2.1}$$

$$\frac{\partial (\rho_f u_{fi})}{\partial t} + \frac{\partial (\rho_f u_{fi} u_{fj})}{\partial x_j} = -\frac{\partial p}{\partial x_i} + \frac{\partial \tau_{fij}}{\partial x_j} + \rho_f g_i \tag{2.2}$$

式中：下标 f 为水相；下标 i 与 j 为方向，且满足爱因斯坦求和约定；ρ_f 为水流密度；u_{fi} 为水相在 i 方向上的速度；p 为压力；$\tau_{f_{ij}}$ 为水相黏性应力张量分量；g_i 为质量力（重力）在 i 方向上的分量。

上述方程为水流的局部瞬时守恒方程，理论上确定相界面后便可以用来描述水相的运动。然而由于水沙两相流中相界面形状与位置复杂多变、尺度过小，从实用角度来说，无法采用上述方程组如此细微地描述水相瞬时局部的运动。通常情况下，关注一定尺度上体积平均的水相物理量的时空变化特征更有意义。取宏观足够小、微观足够大的控制体单元 V，假定其中水相占据体积 V_f，相应的水相体积浓度 $\alpha_f = V_f / V$；泥沙颗粒体积为 V_s，泥沙相体积浓度 $\alpha_s = V_s / V$。对水相各变量在单元 V 内取体积平均：

$$\langle \phi_f \rangle = \frac{1}{V} \int_V \phi_f \mathrm{d}V = \frac{\alpha_f}{V_f} \int_{V_f} \phi_f \mathrm{d}V \tag{2.3}$$

第二个等式表示变量在单元内水相占据的空间中进行积分。定义单元内水相变量的相平均值为：

$$\hat{\phi}_f = \frac{1}{V_f} \int_{V_f} \phi_f \mathrm{d}V \tag{2.4}$$

则式（2.3）可以改写为：

$$\langle \phi_f \rangle = \alpha_f \hat{\phi}_f \tag{2.5}$$

根据莱布尼兹公式及高斯定律，水相变量的时间与空间导数的体积平均值可以采用式（2.6）与式（2.7）进行计算（Drew，1983；刘大有，1993；Enwald 等，1996）：

$$\left\langle \frac{\partial \phi_f}{\partial t} \right\rangle = \frac{\partial \langle \phi_f \rangle}{\partial t} - \frac{1}{V} \int_A \phi_f u_{Afj} n_{Afj} \mathrm{d}A \tag{2.6}$$

$$\left\langle \frac{\partial \phi_f}{\partial x_i} \right\rangle = \frac{\partial \langle \phi_f \rangle}{\partial x_i} + \frac{1}{V} \int_A \phi_f n_{Afi} \mathrm{d}A \tag{2.7}$$

式中：A 为水沙两相相界面；u_{Afj} 为相界面处水相沿 j 方向的速度；n_{Afi} 为相界面处水相指向泥沙相的单位向量 $\boldsymbol{n}_{Af}$ 在 i 方向上的分量。

对式（2.1）和式（2.2）进行体积平均，应用式（2.3）～

第2章 Eulerian–Lagrangian 水沙两相流模型

式（2.7），得到水流瞬时控制方程式（2.8）和式（2.9）：

$$\frac{\partial(\alpha_f \hat{\rho}_f)}{\partial t} + \frac{\partial(\alpha_f \hat{\rho}_f \hat{u}_{fj})}{\partial x_j} = \frac{1}{V}\int_A \rho_f (u_{Afj} - u_{fj}) n_{Afj} \, \mathrm{d}A \quad (2.8)$$

$$\frac{\partial(\alpha_f \hat{\rho}_f \hat{u}_{fi})}{\partial t} + \frac{\partial(\alpha_f \hat{\rho}_f \hat{u}_{fi} \hat{u}_{fj})}{\partial x_j} = -\frac{\partial(\alpha_f \hat{p})}{\partial x_i} + \frac{\partial(\alpha_f \hat{\tau}_{fij})}{\partial x_j} + \alpha_f \hat{\rho}_f g_i +$$

$$\frac{1}{V}\int_A \rho_f u_{fi}(u_{Afj} - u_{fj}) n_{Afj} \, \mathrm{d}A -$$

$$\frac{1}{V}\int_A p_{Af} n_{Afi} \, \mathrm{d}A + \frac{1}{V}\int_A \tau_{Afij} n_{Afj} \, \mathrm{d}A$$

$$(2.9)$$

其中，式（2.8）右侧第一项与式（2.9）右侧第四项分别为由水沙两相相变引起的控制体内水相质量与动量变化，在本模型中不考虑水沙两相相变作用，故这两项均为零。不考虑相界面表面张力，参考刘大有（1993）的研究，式（2.9）右侧第一项与第五项可以合并为 $-\alpha_f \partial \hat{p}/\partial x_i$。引入 F_{Afi} 表示相界面上泥沙对水流的作用力：

$$F_{Afi} = \frac{1}{V}\int_A \tau_{Afij} n_{Afj} \, \mathrm{d}A \quad (2.10)$$

省略水相物理量相平均值 $\hat{\phi}_f$ 的上标 $\wedge$，整理式（2.8）和式（2.9）可得水相瞬时微分控制方程组：

$$\frac{\partial(\alpha_f \rho_f)}{\partial t} + \frac{\partial(\alpha_f \rho_f u_{fj})}{\partial x_j} = 0 \quad (2.11)$$

$$\frac{\partial(\alpha_f \rho_f u_{fi})}{\partial t} + \frac{\partial(\alpha_f \rho_f u_{fi} u_{fj})}{\partial x_j} = -\alpha_f \frac{\partial p}{\partial x_i} + \frac{\partial(\alpha_f \tau_{fij})}{\partial x_j} + \alpha_f \rho_f g_i + F_{Afi}$$

$$(2.12)$$

水沙两相流通常情况下均为紊流，水流紊动对泥沙的起扬、悬浮和沉降起着重要的作用。类似于单相流，对上述瞬时微分控制方程组进行雷诺平均，推导紊动水体的时均控制方程组。将水相变量 ϕ_f 分解为时均量 $\overline{\phi}_f$ 与脉动量 ϕ'_f，即 $\phi_f = \overline{\phi}_f + \phi'_f$。代入式（2.11）和式（2.12），除水相相密度 ρ_f 不随时间与空间变化外，其他物理

2.1 控制方程

量均进行分解。对方程进行时间平均,考虑式(2.13)的运算法则:

$$\left.\begin{array}{c}\overline{\phi'_f}=0\\ \overline{\dfrac{\partial \phi_f}{\partial t}}=\dfrac{\partial \overline{\phi}_f}{\partial t}\\ \overline{\dfrac{\partial \phi_f}{\partial x_i}}=\dfrac{\partial \overline{\phi}_f}{\partial x_i}\end{array}\right\} \quad (2.13)$$

省略其中紊动量的时间导数项、黏性应力紊动相关量的空间导数项、三阶紊动项,得到时均方程组:

$$\frac{\partial \overline{\alpha}_f}{\partial t}+\frac{\partial (\overline{\alpha}_f \overline{u}_{fj})}{\partial x_j}+\frac{\partial (\overline{\alpha'_f u'_{fj}})}{\partial x_j}=0 \quad (2.14)$$

$$\frac{\partial (\overline{\alpha}_f \overline{u}_{fi})}{\partial t}+\frac{\partial (\overline{\alpha}_f \overline{u}_{fi}\overline{u}_{fj}+\overline{\alpha}_f \overline{u'_{fi}u'_{fj}}+\overline{\alpha'_f u'_{fi}}\overline{u}_{fj}+\overline{\alpha'_f u'_{fj}}\overline{u}_{fi})}{\partial x_j}$$
$$=-\frac{\overline{\alpha}_f}{\rho_f}\frac{\partial \overline{p}}{\partial x_i}+\frac{1}{\rho_f}\frac{\partial (\overline{\alpha}_f \overline{\tau}_{fij})}{\partial x_j}+\overline{\alpha}_f g_i+\frac{\overline{F}_{Afi}}{\rho_f}$$
$$(2.15)$$

应用上述时均方程组时,需对其中的紊动量相关项进行封闭。水相体积分数与速度的紊动相关项比拟分子扩散菲克定律、采用式(2.16)进行模化,雷诺应力 $\overline{u'_{fi}u'_{fj}}$ 基于 Boussinesq 假设由式(2.17)模化。此外,黏性应力根据广义牛顿黏性定律给出,见式(2.18)。

$$-\overline{\alpha'_f u'_{fj}}=\frac{\nu_{ft}}{Sc}\frac{\partial \overline{\alpha}_f}{\partial x_j} \quad (2.16)$$

$$-\overline{u'_{fi}u'_{fj}}=\nu_{ft}\left(\frac{\partial \overline{u}_{fi}}{\partial x_j}+\frac{\partial \overline{u}_{fj}}{\partial x_i}\right) \quad (2.17)$$

$$\frac{\overline{\tau}_{fij}}{\rho_f}=\nu_{f0}\left(\frac{\partial \overline{u}_{fi}}{\partial x_j}+\frac{\partial \overline{u}_{fj}}{\partial x_i}\right) \quad (2.18)$$

式中:ν_{ft} 为水相动量扩散系数;ν_{f0} 为水流运动黏性系数,大小取 $10^{-6}\,\mathrm{m^2/s}$;Sc 为泥沙施密特数。

将式(2.16)~式(2.18)代入时均方程式(2.14)和式

(2.15)，省略时均量上方的横线标记，将方程组整理成如下形式的水相紊流时均控制方程组：

$$\frac{\partial \alpha_f}{\partial t} + \frac{\partial (\alpha_f u_{fj})}{\partial x_j} = \frac{\partial}{\partial x_j}\left[\frac{\nu_{ft}}{Sc}\frac{\partial \alpha_f}{\partial x_j}\right] \quad (2.19)$$

$$\frac{\partial (\alpha_f u_{fi})}{\partial t} + \frac{\partial (\alpha_f u_{fi} u_{fj})}{\partial x_j} = \frac{\partial}{\partial x_j}\left[\alpha_f(\nu_{ft}+\nu_{f0})\left(\frac{\partial u_{fi}}{\partial x_j}+\frac{\partial u_{fj}}{\partial x_i}\right)\right] +$$

$$\frac{\partial}{\partial x_j}\left[\frac{\nu_{ft}}{Sc}\left(u_{fi}\frac{\partial \alpha_f}{\partial x_j}+u_{fj}\frac{\partial \alpha_f}{\partial x_i}\right)\right] -$$

$$\frac{\alpha_f}{\rho_f}\frac{\partial p}{\partial x_i} + \alpha_f g_i + \frac{F_{Afi}}{\rho_f} \quad (2.20)$$

需要构建紊流模型以求解时均控制方程中的水相动量扩散系数。类比传统单相流体的 k-ε 双方程模型，考虑水相体积浓度，参考 Elghobashi 和 Abou-Arab（1983）及 Longo（2005）的方法推导适用于水沙两相流的 k-ε 模型。本书应用陈鑫（2012）推导的 k-ε 双方程模型，如式（2.21）与式（2.22）所示：

$$\frac{\partial (\alpha_f k_f)}{\partial t} + \frac{\partial (\alpha_f k_f u_{fj})}{\partial x_j} = \frac{\partial}{\partial x_j}\left[\alpha_f \nu_{fk}\frac{\partial k_f}{\partial x_j}\right] + \alpha_f(G_f-\varepsilon_f)$$

$$(2.21)$$

$$\frac{\partial (\alpha_f \varepsilon_f)}{\partial t} + \frac{\partial (\alpha_f \varepsilon_f u_{fj})}{\partial x_j} = \frac{\partial}{\partial x_j}\left[\alpha_f \nu_{f\varepsilon}\frac{\partial \varepsilon_f}{\partial x_j}\right] + \frac{\alpha_f}{k_f}(C_1 G_f \varepsilon_f - C_2 \varepsilon_f^2)$$

$$(2.22)$$

其中

$$\nu_{fk} = \frac{\nu_{ft}}{\delta_k} \quad (2.23)$$

$$\nu_{f\varepsilon} = \frac{\nu_{ft}}{\delta_\varepsilon} \quad (2.24)$$

$$\nu_{ft} = C_\mu \frac{k_f^2}{\varepsilon_f} \quad (2.25)$$

$$G_f = \nu_{ft}\frac{\partial u_{fi}}{\partial x_j}\left[\frac{\partial u_{fi}}{\partial x_j}+\frac{\partial u_{fj}}{\partial x_i}\right] \quad (2.26)$$

式中：k_f 与 ε_f 分别为水相紊动能及其耗散率。

上述各式中所有参数均采用标准值：$C_\mu = 0.09$，$\delta_k = 1.0$，$\delta_\varepsilon = 1.33$，$C_1 = 1.44$，$C_2 = 1.92$。

至此，式（2.19）～式（2.26）构成了 Eulerian-Lagrangian 水沙两相流模型中水流的控制方程组。其从水流相内局部瞬时质量与动量守恒方程出发，采用体积平均与雷诺时均方法推导而得，考虑泥沙颗粒对水流时均流动的影响，并采用包含水相体积浓度的 k-ε 紊流模型描述水流紊动。

以下将模型进行简化以应用于低含沙水流中悬移质泥沙的运动。低含沙水流中，泥沙浓度很低，尤其是在考虑悬移质运动时，可以忽略泥沙相对水相产生的影响。这种情况下 $\alpha_f \gg \alpha_s$，可以认为 $\alpha_f \approx 1.0$，并忽略泥沙对水相的作用力 $\boldsymbol{F}_{Af}$。由此，简化上述水流时均方程组得到与单相流控制方程相同的形式。

$$\frac{\partial(u_{fj})}{\partial x_j} = 0 \tag{2.27}$$

$$\frac{\partial(u_{fi})}{\partial t} + \frac{\partial(u_{fi}u_{fj})}{\partial x_j} = \frac{\partial}{\partial x_j}\left[\nu_f\left(\frac{\partial u_{fi}}{\partial x_j} + \frac{\partial u_{fj}}{\partial x_i}\right)\right] - \frac{1}{\rho_f}\frac{\partial p}{\partial x_i} + g_i \tag{2.28}$$

$$\frac{\partial(k_f)}{\partial t} + \frac{\partial(k_f u_{fj})}{\partial x_j} = \frac{\partial}{\partial x_j}\left[\nu_{fk}\frac{\partial k_f}{\partial x_j}\right] + G_f - \varepsilon_f \tag{2.29}$$

$$\frac{\partial(\varepsilon_f)}{\partial t} + \frac{\partial(\varepsilon_f u_{fj})}{\partial x_j} = \frac{\partial}{\partial x_j}\left[\nu_{f\varepsilon}\frac{\partial \varepsilon_f}{\partial x_j}\right] + \frac{1}{k_f}(C_1 G_f \varepsilon_f - C_2 \varepsilon_f^2) \tag{2.30}$$

其中 $\nu_f = \nu_{ft} + \nu_{f0}$

式（2.27）～式（2.30）即为低含沙水流中水相的控制方程组。

2.1.2 泥沙运动方程

本模型跟踪计算每一个泥沙颗粒的轨迹，通过计算分散颗粒的运动信息，得到泥沙相相关物理量的统计特征。泥沙颗粒运动速度分解为雷诺时均速度与脉动速度，采用牛顿第二定律计算时均速度、颗粒扩散随机模型计算脉动速度。本节首先介绍时均速度求解的运动方程,求解颗粒脉动速度的随机模型放在下节进行介绍。

泥沙颗粒位置变化采用下式计算:

$$\frac{\mathrm{d}\boldsymbol{x}_p}{\mathrm{d}t} = \boldsymbol{u}_p + \boldsymbol{u}'_p \tag{2.31}$$

式中:$\boldsymbol{u}_p$ 为泥沙颗粒的雷诺时均速度,与水流时均速度一样,省略了上方表示时间平均的横线标记;$\boldsymbol{u}'_p$ 为颗粒脉动速度。

时均速度 $\boldsymbol{u}_p$ 的变化满足运动方程:

$$\frac{\mathrm{d}\boldsymbol{u}_p}{\mathrm{d}t} = \boldsymbol{F}_D + \boldsymbol{F}_p + \boldsymbol{F}_A + \boldsymbol{F}_H + \boldsymbol{F}_L + \boldsymbol{F}_G + \boldsymbol{F}_C \tag{2.32}$$

式中:$\boldsymbol{F}_D$ 为拖曳力;$\boldsymbol{F}_p$ 为压差力;$\boldsymbol{F}_A$ 为附加质量力;$\boldsymbol{F}_H$ 为历史力或 Basset 力;$\boldsymbol{F}_L$ 为升力;$\boldsymbol{F}_G$ 为质量力;$\boldsymbol{F}_C$ 为泥沙颗粒间碰撞作用力。

拖曳力 $\boldsymbol{F}_D$ 是由于泥沙颗粒与水流存在相对运动而产生的作用力。单位质量泥沙颗粒所受拖曳力一般模化为如下形式:

$$\boldsymbol{F}_D = \frac{3C_D \rho_f}{4 d_p \rho_p} |\boldsymbol{u}_f - \boldsymbol{u}_p|(\boldsymbol{u}_f - \boldsymbol{u}_p) \tag{2.33}$$

式中:d_p 为泥沙颗粒的直径;ρ_p 为泥沙密度;$\boldsymbol{u}_f$ 为颗粒位置处水相的时均速度,采用上一节介绍的水相时均控制方程组进行求解;C_D 为拖曳力系数。

拖曳力系数与水流流态、颗粒形状、颗粒绕流雷诺数等参数相关,变化规律复杂。不少研究者从圆柱或圆球绕流的实验数据总结出拖曳力的经验关系式(Morsi,1972;Clift,1978;毛在砂,2008),然而由于实验材料、实验方法与实验参数取值范围不同,所得到的关系式差别也较大。根据颗粒雷诺数可将绕流划分为四种不同情况分别计算相应的拖曳力系数:斯托克斯阻力区、黏性阻力区、过渡区、紊流区,但同一区内不同研究者得到的经验公式也不尽相同(钱宁和万兆惠,1983)。本模型采用较为常用的 Schiller 和 Naumann(1935)拖曳力公式:

$$C_D = \frac{24}{Re_p}(1.0 + 0.15\, Re_p^{0.687}) \tag{2.34}$$

式中：Re_p 为泥沙颗粒雷诺数。

式（2.34）适用条件为：

$$Re_p = \frac{|\boldsymbol{u}_f - \boldsymbol{u}_p| d_p}{\nu_{f0}} < 1000 \tag{2.35}$$

当 $Re_p \geqslant 1000$ 时，拖曳力系数直接取为 0.44。

压差力 $\boldsymbol{F}_p$ 为水流压强梯度导致的作用在颗粒上的力，与水沙两相的相对运动无关。作用在单位质量颗粒上的压差力为：

$$\boldsymbol{F}_p = -\frac{1}{\rho_p} \nabla p \tag{2.36}$$

附加质量力 $\boldsymbol{F}_A$ 又称为虚拟质量力，是泥沙颗粒在加速运动过程中，使周围流体随同颗粒加速或减速、克服颗粒周围流体惯性而产生的作用力。作用于单位质量泥沙颗粒的附加质量力可表示为：

$$\boldsymbol{F}_A = -C_M \frac{\rho_f}{\rho_p} \left(\frac{\mathrm{d}\boldsymbol{u}_f}{\mathrm{d}t} - \frac{\mathrm{d}\boldsymbol{u}_p}{\mathrm{d}t} \right) \tag{2.37}$$

式中：C_M 为附加质量力系数。

不同的流动条件、泥沙颗粒形状、颗粒雷诺数下，附加质量力系数 C_M 如何取值是一直没有得到解决的问题（毛在砂，2008）。在本书中，对于球形颗粒，近似地取 $C_M = 0.5$。

历史力 $\boldsymbol{F}_H$ 也称 Basset 力，是颗粒在加速或者减速运动过程中涉及加速度历史的非稳态力。因为流体黏性的存在，颗粒非恒定运动需带动周围流体加速或减速，这一过程存在一定的滞后性，与颗粒加速历程相关。颗粒加速度越大，Basset 力也就越大，达到一定程度时，Basset 力相对拖曳力不可忽略。作用在单位质量颗粒上的历史力可采用 Thomas（1992）的公式求解：

$$\boldsymbol{F}_H = \frac{9}{\pi} \frac{\rho_f \sqrt{\pi \nu_{f0}}}{\rho_p d_p} \int_{t_0}^{t} \frac{\frac{\mathrm{d}\boldsymbol{u}_f}{\mathrm{d}t'} - \frac{\mathrm{d}\boldsymbol{u}_p}{\mathrm{d}t'}}{\sqrt{t - t_0}} \mathrm{d}t' \tag{2.38}$$

升力 $\boldsymbol{F}_L$ 是流场在颗粒运动方向两侧的不对称分布所造成的垂

直运动方向上的作用力。由流速梯度导致的升力称为 Saffman 力 (Saffman, 1965), 由于颗粒旋转导致两侧速度不等而产生的升力称为 Magnus 力 (Rubinow 和 Keller, 1961)。实际上, 两种升力往往同时存在, 无法简单地分开, 计算公式形式相近 (Sokolichin 等, 2004)。作用在单位质量泥沙颗粒上的 Saffman 升力采用式 (2.39) 计算:

$$F_L^S = \frac{9.66}{\pi} \frac{\rho_f \sqrt{\nu_{f0}}}{\rho_p d_p} |\boldsymbol{\omega}_f|^{-1/2} [(\boldsymbol{u}_f - \boldsymbol{u}_p) \times \boldsymbol{\omega}_f] \quad (2.39)$$

式中: $\boldsymbol{\omega}_f$ 为剪切流场的涡量, $\boldsymbol{\omega}_f = \nabla \times \boldsymbol{u}_f$。

参考 Rubinow 和 Keller (1961), 作用在单位质量泥沙颗粒上的 Magnus 升力可以表示为:

$$F_L^M = \frac{3\rho_f}{4\rho_p} [(\boldsymbol{u}_f - \boldsymbol{u}_p) \times \boldsymbol{\omega}_f] \quad (2.40)$$

Tsuji 等 (1985) 修正了低雷诺数条件下 Magnus 公式的系数。Massoudi (2006) 指出 Magnus 升力一般情况下量级较小, 在两相流问题中往往可以忽略。

颗粒间碰撞作用力 $\boldsymbol{F}_C$ 的计算是 Eulerian – Lagrangian 两相流模型的一个关键点, 其对模型精度与计算量均有重要的影响。泥沙颗粒间的相互碰撞是高含沙水流中重要的动力因素 (Yeganeh-Bakhtiary 等, 2009), 而判断颗粒是否发生碰撞与计算碰撞作用力均会明显地增大计算量。因此, 通常要求构建的颗粒碰撞模型既要有一定精度, 又要能够控制计算量。目前已有的颗粒碰撞模型大致可以分成三类: 二元碰撞模型 (Gotoh 和 Sakai, 1997; Crowe 等, 2011; Capecelatro 和 Desjardins, 2013)、随机碰撞模型 (Sommerfeld, 2001; Hsu 和 Chang, 2007) 及碰撞应力模型 (Apte 等, 2003)。这里利用二元碰撞模型考虑泥沙颗粒间的相互碰撞作用, 为了减小模型计算量, 引入"影响半径"的概念, 仅仅判断一定距离范围内的颗粒是否会与对象颗粒发生碰撞 (Vreman 等, 2009), 具体的碰撞作用力计算公式参见 Gotoh 和 Sakai (1997)。

泥沙颗粒质量力仅考虑重力作用, $\boldsymbol{F}_G = \boldsymbol{g}$。将式 (2.33) ~

式 (2.40) 代入式 (2.32),整理得泥沙相运动方程:

$$\frac{d\boldsymbol{u}_p}{dt} = \frac{3C_D\rho_f}{4d_p\rho_p}|\boldsymbol{u}_f - \boldsymbol{u}_p|(\boldsymbol{u}_f - \boldsymbol{u}_p) - \frac{1}{\rho_p}\nabla p + \boldsymbol{g} -$$

$$C_M \frac{\rho_f}{\rho_p}\left[\frac{d\boldsymbol{u}_f}{dt} - \frac{d\boldsymbol{u}_p}{dt}\right] + \frac{9}{\pi}\frac{\rho_f\sqrt{\pi\nu_{f0}}}{\rho_p d_p}\int_{t_0}^{t}\frac{\frac{d\boldsymbol{u}_f}{dt'} - \frac{d\boldsymbol{u}_p}{dt'}}{\sqrt{t-t_0}}dt' +$$

$$\left[\frac{9.66}{\pi}\frac{\rho_f\sqrt{\nu_{f0}}}{\rho_p d_p}|\boldsymbol{\omega}_f|^{-1/2} + \frac{3\rho_f}{4\rho_p}\right][(\boldsymbol{u}_f - \boldsymbol{u}_p)\times\boldsymbol{\omega}_f] + \boldsymbol{F}_C$$

(2.41)

考虑低含沙水流中悬移质泥沙的运动。低含沙水流中,泥沙体积分数很小,不考虑泥沙颗粒间的相互作用力 $\boldsymbol{F}_C$。由此可以得到适用于低含沙水流中悬移质泥沙运动的控制方程组:

$$\frac{d\boldsymbol{x}_p}{dt} = \boldsymbol{u}_p + \boldsymbol{u}'_p \qquad (2.42)$$

$$\frac{d\boldsymbol{u}_p}{dt} = \frac{3C_D\rho_f}{4d_p\rho_p}|\boldsymbol{u}_f - \boldsymbol{u}_p|(\boldsymbol{u}_f - \boldsymbol{u}_p) - \frac{1}{\rho_p}\nabla p + \boldsymbol{g} -$$

$$C_M \frac{\rho_f}{\rho_p}\left[\frac{d\boldsymbol{u}_f}{dt} - \frac{d\boldsymbol{u}_p}{dt}\right] + \frac{9}{\pi}\frac{\rho_f\sqrt{\pi\nu_{f0}}}{\rho_p d_p}\int_{t_0}^{t}\frac{\frac{d\boldsymbol{u}_f}{dt'} - \frac{d\boldsymbol{u}_p}{dt'}}{\sqrt{t-t_0}}dt' +$$

$$\left[\frac{9.66}{\pi}\frac{\rho_f\sqrt{\nu_{f0}}}{\rho_p d_p}|\boldsymbol{\omega}_f|^{-1/2} + \frac{3\rho_f}{4\rho_p}\right][(\boldsymbol{u}_f - \boldsymbol{u}_p)\times\boldsymbol{\omega}_f]$$

(2.43)

注意,式中水流速度 $\boldsymbol{u}_f$ 均为雷诺时均值。方程中泥沙脉动速度 $\boldsymbol{u}'_p$ 采用下一节介绍的颗粒扩散随机模型进行计算。

2.2 颗粒扩散随机模型

本节利用颗粒扩散随机模型求解泥沙颗粒的脉动速度,即式 (2.42) 中的 $\boldsymbol{u}'_p$。脉动速度 $\boldsymbol{u}'_p$ 用来描述泥沙颗粒在紊流作用下的随机脉动,是悬移质泥沙悬浮的主要动力因素。已有的雷诺平均下的 Eulerian－Lagrangian 水沙两相流模型很少考虑水体紊动对泥沙颗粒的作用（Drake 和 Calantoni，2001；Ong 等，2012），限制了模型在悬移质运动中的应用。气固两相流的研究对颗粒在紊动流体作用下的脉动速度关注较多，颗粒扩散随机模型得到了广泛的应用与拓展。主要的三类随机模型有涡相干模型（Gosman 和 Ioannides，1983；Wang 和 James，1999）、马尔可夫链（Markov Chain）模型（Thomson，1984；Bocksell 和 Loth，2006）以及朗之万方程（Langevin equation）模型（Haworth 和 Pope，1986；Iliopoulos 等，2003）。其中涡相干模型概念简单、计算方便，得到了广泛的应用，本书中将采用涡相干模型来模拟泥沙颗粒在紊流作用下的脉动速度。

2.2.1 涡相干模型

涡相干模型（eddy interaction model，EIM）假设泥沙颗粒脉动速度满足正态分布，可以采用泥沙颗粒脉动强度与高斯随机数的乘积来计算，如式（2.44）所示：

$$\bm{u}'_p = (\sigma_{u_{p1}}\varphi_1,\ \sigma_{u_{p2}}\varphi_2,\ \sigma_{u_{p3}}\varphi_3) \tag{2.44}$$

式中：$\sigma_{u_{pi}}(i=1,2,3)$ 为泥沙颗粒三个方向速度分量的脉动强度；$\varphi_i(i=1,2,3)$ 为对应三个方向的高斯随机数。

假设泥沙颗粒的速度脉动强度与其所在空间位置处水流速度的脉动强度相当，即 $\sigma_{u_{pi}} = \sigma_{u_{fi}}$，而水相速度的脉动强度可以通过紊流模型给出。则式（2.44）修改为：

$$\bm{u}'_p = (\sigma_{u_{f1}}\varphi_1,\ \sigma_{u_{f2}}\varphi_2,\ \sigma_{u_{f3}}\varphi_3) \tag{2.45}$$

考虑脉动速度的空间相关性，式中三个方向上的随机数需满足如下的三元高斯分布：

$$f(\varphi_1,\varphi_2,\varphi_3) = \frac{1}{\sqrt{(2\pi)^3}|\bm{\Gamma}|^{1/2}}\exp\left[-\frac{1}{2}\bm{\varphi}^{\mathrm{T}}\bm{\Gamma}^{-1}\bm{\varphi}\right] \tag{2.46}$$

式中：$f(\varphi_1,\varphi_2,\varphi_3)$ 为高斯分布的概率密度函数；$\bm{\varphi} = (\varphi_1,\varphi_2,\varphi_3)^{\mathrm{T}}$；$\bm{\Gamma}$ 为空间相关系数矩阵。$\bm{\Gamma}$ 中元素 γ_{ij} 为随机数 φ_i 与 φ_j 的相关系数，其与颗粒位置处水流雷诺应力 $\overline{u'_{fi}u'_{fj}}$ 及速度紊动强度有如

下关系：

$$\gamma_{ij} = \frac{\overline{u'_{fi} u'_{fj}}}{\sigma_{u_{fi}} \sigma_{u_{fj}}} \quad (2.47)$$

式（2.45）中水流紊动强度随着泥沙颗粒位置的变化而变化，由此可以考虑非均匀紊动场中的颗粒扩散。

EIM 模型认为泥沙颗粒在紊动水体中的运动是与一系列紊动涡相互作用的过程（MacInnes 和 Bracco，1992）。当颗粒与一个涡作用时，式（2.45）中的随机数保持不变；当颗粒穿过当前作用的涡或者该涡消逝时，颗粒将与新的涡作用，同时生成一组新的高斯随机数用于颗粒脉动速度的计算。定义颗粒与涡相互作用的时间 τ_{int}，其等于颗粒穿过紊动涡所需的时间 t_c 与涡特征时间 t_e 两者中的较小值（Bocksell 和 Loth，2001），即：

$$\tau_{int} = \min(t_e, t_c) \quad (2.48)$$

其中，t_c 考虑泥沙颗粒惯性对其紊动扩散产生的影响，采用式（2.49）计算：

$$t_c = -\tau_p \lg\left[1 - \frac{l_e}{|\boldsymbol{u}_{rel}| \cdot \tau_p}\right] \quad (2.49)$$

其中

$$\boldsymbol{u}_{rel} = \boldsymbol{u}_p - \boldsymbol{u}_f$$

式中：$\boldsymbol{u}_{rel}$ 为颗粒相对流场的时均速度；l_e 为涡的特征空间尺度；τ_p 为泥沙颗粒的反应时间。

τ_p 满足式（2.50）所示关系：

$$\tau_p = \frac{4}{3} \frac{\rho_p}{\rho_f} \frac{d_p}{|\boldsymbol{u}_{rel}| C_D} \quad (2.50)$$

其中拖曳力系数 C_D 用式（2.34）计算。涡的特征时间尺度 t_e 用来表征涡自生成到消逝所需的时间，特征空间尺度 l_e 表征涡的空间大小。t_e 和 l_e 与流场紊动能 k_f 和紊动能耗散率 ε_f 存在如下关系：

$$t_e = c_1 \frac{k_f}{\varepsilon_f} \quad (2.51)$$

$$l_e = c_2 \frac{k_f^{3/2}}{\varepsilon_f} \quad (2.52)$$

其中，系数 c_1 与 c_2 满足 $c_2 = \sqrt{2/3}\, c_1$。根据 Wang 和 Stock (1992) 与 Graham 和 James (1996) 对 EIM 模型的理论分析，对比动量扩散系数式 (2.25)，系数 c_1 在本书中取为 0.09。

至此，涡相干模型已实现封闭并可用于式 (2.42) 中泥沙颗粒的脉动速度。本节介绍的 EIM 为经典的涡相干模型，本书中称之为标准涡相干模型（标准 EIM）。

2.2.2 基于颗粒尾流影响的 EIM 修正

上一节介绍的标准 EIM 模型基于这样一个基本假设：泥沙颗粒速度脉动强度等于水流速度的脉动强度。细粒径泥沙颗粒惯性较小，能够较好地跟随紊动水体运动，水沙两相速度脉动强度相等的假设是可以接受的。而粗粒径泥沙颗粒惯性较大，不能很好地跟随水流运动，这一假设并不准确，标准 EIM 模型在粗粒径悬移质泥沙计算中存在明显的误差。

随着泥沙粒径的增长，泥沙颗粒的惯性变大，与水流之间的相对运动越来越明显，颗粒与紊流之间的相互作用也更加复杂。目前，已有不少针对固体颗粒与紊动水体之间相互作用机理的研究（Gore 和 Crowe，1989；Yuan 和 Michaelides，1992；Crowe，2000；Lain 和 Sommerfeld，2003）。Hetsroni (1989) 指出固体颗粒对紊动的促进或抑制与颗粒雷诺数相关，雷诺数大于 400 时颗粒促进紊动，小于 400 时抑制紊动。Noguchi 和 Nezu (2009) 根据实验数据发现颗粒粒径大于流场微观 Kolmogorov 尺度时泥沙将增强紊动，粒径小于该微观尺度时将减弱紊动。也有学者以泥沙颗粒斯托克斯数作为判别条件，Pang 等 (2011) 对已有的判断颗粒促进或抑制紊动的指标进行了对比分析。然而，这些判别条件大都来源于对两相流实验数据的经验性总结，并没有得到一致的认可，也没有反映颗粒对紊动作用的本质。

本书认为颗粒局部绕流形成的尾流扰动将增强水沙两相的紊动。由于惯性与重力等因素的影响，泥沙颗粒与水流间存在相对运动而导致颗粒周围产生绕流。颗粒局部绕流形成的尾流区内紊流增强，颗粒脉动也得到相应的增强。水沙实验中观察到低浓度条件下粗粒径悬移质泥沙的扩散系数大于细粒径悬移质的扩散系数（钱宁和万兆惠，1983；Fu 等，2005），正是因为粗粒径泥沙颗粒的尾流扰动更强，导致粗粒径颗粒速度脉动强度的增量大于细粒径颗粒脉动强度的增量，尾流促进颗粒扩散的效应更明显。必须强调的是，尾流对颗粒紊动的增强是在微观粒径尺度上的作用，上述讨论不考虑泥沙体积浓度对紊动的影响。

下面对尾流引起的泥沙颗粒紊动能的增量进行模化。Yarin 和 Hetsroni（1994）理论求解了单个固体颗粒表面的绕流边界层，推导了颗粒绕流产生的尾流区内体积平均的紊动能增量公式，并将公式应用于讨论泥沙体积浓度对水流紊动的影响。根据量纲关系，将 Yarin 和 Hetsroni（1994）的公式改写成式（2.53）的形式以考虑泥沙颗粒的紊动能增量：

$$\Delta k = c_3 |\boldsymbol{u}_{\text{rel}}|^2 C_D^{4/3} \left(\frac{l_w}{d_p} \right)^{1/3} \qquad (2.53)$$

式中：$\boldsymbol{u}_{\text{rel}}$ 为水沙相对速度；l_w 为颗粒绕流形成的尾流区长度；c_3 为系数。

对圆球绕流的直接数值模拟（Mittal，2000；Lee，2000；Bagchi 和 Balachandar，2004）显示，尾流区长度 l_w 随颗粒雷诺数的增大而增大，且颗粒雷诺数等于零时，尾流区长度也为零；颗粒雷诺数趋近于无穷大时，尾流区长度收敛为一常数。尽管目前已有不少针对尾流区的研究，但仍然还没有一个能用来计算泥沙颗粒尾流区大小的公式。考虑上述 l_w 随颗粒雷诺数变化的特性，本书给出一个描述 l_w 的经验公式：

$$\frac{l_w}{d_p} = c_4 \psi(Re_p) = c_4 [1 - \exp(-\xi Re_p)] \qquad (2.54)$$

式中：Re_p 为颗粒雷诺数，满足 $Re_p = |\boldsymbol{u}_{\text{rel}}| d_p / \nu_{f0}$；$c_4$ 与 ξ 均为系数，c_4 将被耦合到紊动能增量公式的系数中，ξ 在本书中取 0.005。

式（2.53）中相对速度的大小 $|\boldsymbol{u}_{\text{rel}}|$ 与泥沙颗粒的反应时间 τ_p 满足如下关系（Crowe，2000）：

$$|\boldsymbol{u}_{\text{rel}}| = c_5\left(1 - \frac{\rho_f}{\rho_p}\right)g\tau_p \qquad (2.55)$$

式中：c_5 为系数；g 为常量，$g = 9.81\text{m}^2/\text{s}$。

利用式（2.54）与式（2.55），将式（2.53）改写成如下形式：

$$\Delta k = c\left[\left(1 - \frac{\rho_f}{\rho_p}\right)g\tau_p\right]^2 C_D^{4/3}[\psi(Re_p)]^{1/3} \qquad (2.56)$$

其中，系数 c 耦合了上述各式中的 c_3、c_4、c_5。在本书对恒定均匀流悬移质泥沙运动的研究中，取 $c = 2.8$。

考虑尾流对颗粒紊动能的增强效应修正标准 EIM 模型，将紊动能增量 Δk 加入到式（2.45）中，假设紊动增量各向同性，可以得到修正后的 EIM 模型中泥沙颗粒脉动速度的表达式：

$$\boldsymbol{u}'_p = \left(\sqrt{\sigma_{u_{f1}}^2 + \frac{2}{3}\Delta k}\,\varphi_1,\ \sqrt{\sigma_{u_{f2}}^2 + \frac{2}{3}\Delta k}\,\varphi_2,\ \sqrt{\sigma_{u_{f3}}^2 + \frac{2}{3}\Delta k}\,\varphi_3\right) \qquad (2.57)$$

其中，Δk 采用式（2.56）计算。

模型其他物理量如涡特征时间尺度 t_e 等均保持不变，采用标准 EIM 模型的公式计算。

2.3 方程的离散与求解

采用基于 SIMPLE 格式的有限体积法离散低含沙水流的水相控制方程，包括连续方程、动量方程、紊动能及紊动能耗散率方程，利用压力校正法将压强与速度解耦。SIMPLE 算法精度较高，采用相对统一的格式离散不同的方程，程序编写方便，在计算流体力学领域得到了广泛的应用。为了简洁起见，本书这里不再介绍 SIMPLE 算法的具体格式。

采用经典的 4 级 4 阶龙格-库塔方法求解泥沙相运动方程。将泥沙颗粒控制方程组式（2.42）与式（2.43）简写成如下形式的常微分方程组：

$$\frac{\text{d}\boldsymbol{x}_p}{\text{d}t} = \boldsymbol{u}(t,\ \boldsymbol{x}_p) \qquad (2.58)$$

$$\frac{\mathrm{d}\boldsymbol{u}_p}{\mathrm{d}t} = \boldsymbol{f}(t, \boldsymbol{x}_p, \boldsymbol{u}_p) \tag{2.59}$$

式中：$\boldsymbol{u}(t, \boldsymbol{x}_p)$ 为 t 时刻、颗粒位于 $\boldsymbol{x}_p$ 位置时的瞬时速度；$\boldsymbol{f}(t, \boldsymbol{x}_p, \boldsymbol{u}_p)$ 为 t 时刻、颗粒在 $\boldsymbol{x}_p$ 位置处的加速度。

记 Δt 为时间步长，t_n 为第 n 个计算步时刻，$\boldsymbol{x}_{p_n}$ 和 $\boldsymbol{u}_{p_n}$ 分别为 t_n 时刻颗粒的位置与时均速度。取 $\boldsymbol{m}_1$、$\boldsymbol{n}_1$ 分别表示 t_n 时刻式（2.58）与式（2.59）等号右端项的值：

$$\boldsymbol{m}_1 = \boldsymbol{u}(t_n, \boldsymbol{x}_{p_n}), \quad \boldsymbol{n}_1 = \boldsymbol{f}(t_n, \boldsymbol{x}_{p_n}, \boldsymbol{u}_{p_n}) \tag{2.60}$$

第一步，计算中间 $n+1/2$ 步、$t_{n+1/2} = t_n + \Delta t/2$ 时刻颗粒的位置 $\boldsymbol{x}_{p_{n+1/2}}$ 与时均速度 $\boldsymbol{u}_{p_{n+1/2}}$：

$$\boldsymbol{x}_{p_{n+1/2}} = \boldsymbol{x}_{p_n} + \frac{1}{2}\Delta t \boldsymbol{m}_1, \quad \boldsymbol{u}_{p_{n+1/2}} = \boldsymbol{u}_{p_n} + \frac{1}{2}\Delta t \boldsymbol{n}_1 \tag{2.61}$$

根据式（2.61）得到的颗粒位置与速度信息，计算 $t_{n+1/2}$ 时刻式（2.58）与式（2.59）的右端项，记为 $\boldsymbol{m}_2$、$\boldsymbol{n}_2$：

$$\boldsymbol{m}_2 = \boldsymbol{u}(t_{n+1/2}, \boldsymbol{x}_{p_{n+1/2}}), \quad \boldsymbol{n}_2 = \boldsymbol{f}(t_{n+1/2}, \boldsymbol{x}_{p_{n+1/2}}, \boldsymbol{u}_{p_{n+1/2}})$$
$$\tag{2.62}$$

第二步，利用式（2.62）的计算结果，更新 $t_{n+1/2}$ 时刻泥沙颗粒的位置 $\hat{\boldsymbol{x}}_{p_{n+1/2}}$ 与时均速度 $\hat{\boldsymbol{u}}_{p_{n+1/2}}$：

$$\hat{\boldsymbol{x}}_{p_{n+1/2}} = \boldsymbol{x}_{p_n} + \frac{1}{2}\Delta t \boldsymbol{m}_2, \quad \hat{\boldsymbol{u}}_{p_{n+1/2}} = \boldsymbol{u}_{p_n} + \frac{1}{2}\Delta t \boldsymbol{n}_2 \tag{2.63}$$

同样，利用式（2.63）的计算结果更新 $t_{n+1/2}$ 时刻式（2.58）与式（2.59）的右端项，用 $\boldsymbol{m}_3$、$\boldsymbol{n}_3$ 表示：

$$\boldsymbol{m}_3 = \boldsymbol{u}(t_{n+1/2}, \hat{\boldsymbol{x}}_{p_{n+1/2}}), \quad \boldsymbol{n}_3 = \boldsymbol{f}(t_{n+1/2}, \hat{\boldsymbol{x}}_{p_{n+1/2}}, \hat{\boldsymbol{u}}_{p_{n+1/2}})$$
$$\tag{2.64}$$

第三步，将 $\boldsymbol{m}_3$、$\boldsymbol{n}_3$ 作为 Δt 时间段内颗粒速度与加速度的平均值，预估 $t_{n+1} = t_n + \Delta t$ 时刻颗粒的位置 $\hat{\boldsymbol{x}}_{p_{n+1}}$ 与时均速度 $\hat{\boldsymbol{u}}_{p_{n+1}}$：

$$\hat{\boldsymbol{x}}_{p_{n+1}} = \boldsymbol{x}_{p_n} + \Delta t \boldsymbol{m}_3, \quad \hat{\boldsymbol{u}}_{p_{n+1}} = \boldsymbol{u}_{p_n} + \Delta t \boldsymbol{n}_3 \tag{2.65}$$

利用预估的颗粒位置与速度值，计算式（2.58）与式（2.59）等号右端项：

$$\boldsymbol{m}_4 = \boldsymbol{u}(t_{n+1}, \hat{\boldsymbol{x}}_{p_{n+1}}), \quad \boldsymbol{n}_4 = \boldsymbol{f}(t_{n+1}, \hat{\boldsymbol{x}}_{p_{n+1}}, \hat{\boldsymbol{u}}_{p_{n+1}}) \tag{2.66}$$

第四步，对 t_{n+1} 时刻颗粒的位置与时均速度进行校正：

$$x_{p_{n+1}} = x_{p_n} + \frac{\Delta t}{6}(\boldsymbol{m}_1 + 2\boldsymbol{m}_2 + 2\boldsymbol{m}_3 + \boldsymbol{m}_4) \qquad (2.67)$$

$$u_{p_{n+1}} = u_{p_n} + \frac{\Delta t}{6}(\boldsymbol{n}_1 + 2\boldsymbol{n}_2 + 2\boldsymbol{n}_3 + \boldsymbol{n}_4) \qquad (2.68)$$

至此，便可以得到泥沙颗粒在 t_{n+1} 时刻的位置 $x_{p_{n+1}}$ 与时均速度 $u_{p_{n+1}}$。

给定泥沙颗粒的初始位置与初始速度后，便可以利用上述的龙格-库塔方法计算各个时刻颗粒的位置与速度，跟踪颗粒运动轨迹。

第 3 章 Eulerian – Lagrangian 模型在均匀流悬移质输沙中的应用

本章将第 2 章中构建的 Eulerian – Lagrangian 两相流模型应用于恒定均匀流条件下的悬移质泥沙运动，描述二维明渠均匀流中不同粒径大小的悬移质体积浓度垂向分布，验证模型描述悬移质泥沙颗粒紊动扩散的有效性。

3.1 物理问题与计算条件

恒定均匀流条件下的悬移质浓度分布是河流动力学中一个非常重要的经典问题，涉及紊动扩散系数、泥沙与紊流相互作用、参考高度、参考浓度等泥沙运动理论中关键的概念。泥沙颗粒在紊流猝发作用下从底床上起动，受紊动漩涡作用上浮，平均意义上形成泥沙相垂直向上的紊动扩散。均匀流中稳定的悬移质浓度分布是泥沙紊动扩散与重力沉降相平衡的结果。将第 2 章中构建的 Eulerian – Lagrangian 水沙两相流模型应用于恒定均匀流条件下低浓度悬移质输沙问题，验证模型描述泥沙相紊动扩散的有效性，从微观颗粒粒径尺度分析悬移质扩散系数与泥沙粒径的关系。

如图 3.1 所示，考虑二维明渠恒定均匀流低浓度悬移质输沙。L 为计算域长，h 为水深。明渠底床光滑平整，没有泥沙沉积。考虑到水流中泥沙浓度很低，忽略泥沙对水流的影响及泥沙颗粒间的相互碰撞作用，采用第 2 章中简化了的、适用于低含沙水流的 Eulerian – Lagrangian 模型描述水流与泥沙颗粒的运动。

恒定均匀流可以采用式（2.27）～式（2.30）的雷诺平均 NS 方程及 k-ε 紊流模型进行计算。考虑到已有大量的物理实验

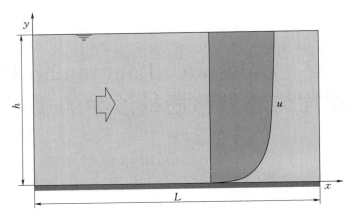

图 3.1　二维明渠均匀流悬移质输沙示意图

与数值计算对明渠恒定均匀流进行了充分的研究，给出的时均速度和紊动强度经验公式与实验测量数据吻合得非常好（Nezu，2005），为简单起见，本章采用这些经验公式描述均匀流流场。利用窦国仁（1981）的公式给定水流时均流速，利用 Nezu 和 Nakagawa（1993）的公式计算水流速度紊动强度及雷诺应力，见式（3.1）～式（3.4）：

$$\frac{u_{f1}}{u_*}=2.5\ln\left(1+\frac{y^+}{5}\right)+7.05\left(\frac{y^+}{5+y^+}\right)^2+$$
$$2.5\frac{y^+}{5+y^+}+0.5\left[1-\cos\left(2\pi\frac{y}{h}\right)\right] \tag{3.1}$$

$$\frac{\sigma_{u_{f1}}}{u_*}=2.30\exp\left(-\frac{y}{h}\right) \tag{3.2}$$

$$\frac{\sigma_{u_{f2}}}{u_*}=1.27\exp\left(-\frac{y}{h}\right) \tag{3.3}$$

$$\frac{-\overline{u'_{f1}u'_{f2}}}{u_*^2}=1-\frac{y}{h} \tag{3.4}$$

其中
$$y^+=\frac{yu_*}{\nu_{f0}}$$

式中：y 为竖直方向的坐标；u_* 为剪切流速；u_{f1} 为水平方向水流时

均速度；$\sigma_{u_{f1}}$ 与 $\sigma_{u_{f2}}$ 分别为水平方向与竖直方向水流流速的脉动强度；$\overline{u'_{f1}u'_{f2}}$ 为雷诺应力，考虑水流为恒定均匀流，竖直方向上水流时均速度 u_{f2} 等于零。

紊动能耗散率在实验中很难直接量测，没有恰当的经验公式以供使用。这里根据雷诺应力与时均流速给出明渠均匀流的掺混长度（Vanoni，2006）：

$$l = \kappa y \sqrt{1 - \frac{y}{h}} \tag{3.5}$$

式中：κ 为卡门常数。

EIM 模型中涡的特征空间尺度与特征时间尺度将根据掺混长度来给定。

明渠恒定均匀流条件下，泥沙颗粒受到的虚拟质量力 $\boldsymbol{F}_A$、Basset 历史力 $\boldsymbol{F}_H$、Magnus 升力 $\boldsymbol{F}_L^M$ 均可省略（Wang 和 Squires，1996）。采用静水压强假设，压差力 $\boldsymbol{F}_P$ 可简化为式（3.6）的形式：

$$\boldsymbol{F}_P = -\frac{\rho_f}{\rho_p}\boldsymbol{g} \tag{3.6}$$

由此，在恒定均匀流条件下泥沙颗粒的运动方程式（2.43）可以简化为如下形式：

$$\frac{\mathrm{d}\boldsymbol{u}_p}{\mathrm{d}t} = \frac{3C_D\rho_f}{4d_p\rho_p}|\boldsymbol{u}_f - \boldsymbol{u}_p|(\boldsymbol{u}_f - \boldsymbol{u}_p) + \left[1 - \frac{\rho_f}{\rho_p}\right]\boldsymbol{g} + \frac{9.66}{\pi}\frac{\rho_f\sqrt{\nu_{f0}}}{\rho_p d_p}|\boldsymbol{\omega}_f|^{-1/2}[(\boldsymbol{u}_f - \boldsymbol{u}_p) \times \boldsymbol{\omega}_f] \tag{3.7}$$

考虑二维问题，EIM 模型中计算泥沙颗粒脉动速度的随机数 φ_1 与 φ_2 需满足二元高斯分布，可按如下方法构造，生成两组独立的高斯随机数 φ_1 与 φ'_1，由式（3.8）计算得到 φ_2：

$$\varphi_2 = \gamma_{12}\varphi_1 + \sqrt{1 - \gamma_{12}^2}\,\varphi'_1 \tag{3.8}$$

式中：γ_{12} 为 φ_1 与 φ_2 的相关系数，由雷诺应力与紊动强度给出：

$$\gamma_{12} = \frac{\overline{u'_{f1}u'_{f2}}}{\sigma_{u_{f1}}\sigma_{u_{f2}}} \tag{3.9}$$

由此便可以得到满足二元高斯分布的 φ_1 与 φ_2。

利用流场的掺混长度给定 EIM 模型所需的 l_e 与 t_e。Graham 和 James（1996）对 EIM 模型的理论分析指出，紊动水流中涡的特征空间尺度等于 2 倍的流场掺混长度，即 $l_e = 2l$。涡的特征时间尺度由 l_e 与紊动能 k_f 给定，见式（3.10）：

$$t_e = \frac{l_e}{\sqrt{2k_f/3}} \tag{3.10}$$

所有算例中，计算域水平方向上的长度 L 均设置为单位长度 1。水平方向两侧边界设置为周期性边界条件：泥沙颗粒从右侧边界流出计算域后，将从左侧边界同样的垂向位置处、以相同的速度进入计算域。自由水面设置为无通量条件，泥沙颗粒与底床的碰撞采用完全弹性碰撞假设（Marchioli 等，2008）。

每个算例初始时刻在计算域内释放 20000 个相同粒径的泥沙颗粒，随机分布于整个计算域内。泥沙颗粒初始速度与相应位置处的水流流速相等。采用第 2 章 2.3 中介绍的 4 级 4 阶龙格-库塔格式求解泥沙颗粒的运动方程，要求无量纲时间步长 $\Delta t^+ \equiv u_*^2 \Delta t / \nu_{f0}$ 小于 0.25 倍泥沙颗粒斯托克斯数 $St_w \equiv u_*^2 \tau_p / \nu_{f0}$（Soldati 和 Marchioli，2009）。计算持续至 $t^+ = u_*^2 t / \nu \approx 20000$ 后，得到稳定的泥沙颗粒垂向分布。

参考 Durán 等（2012）中介绍的方法计算泥沙体积浓度。沿竖直方向将计算域分成厚度等比例变化的非均匀层，各时刻统计每一层内泥沙颗粒的数目，记为 N_i。考虑单颗粒体积 $\pi d_p^3/6$，得到该时刻第 i 层内泥沙相平均体积浓度 C_{z_i}：

$$C_{z_i} = \frac{\pi d_p^2 N_i}{6 L \Delta z_i} \tag{3.11}$$

式中：Δz_i 为第 i 层的厚度；L 为该层沿水平方向的宽度。

第一层紧挨底床，厚度最薄，满足 $\Delta z_1^+ \equiv \Delta z_1/d_p = 1.5$；沿垂向向上，层的厚度等比例增加，最上方靠近自由水面处层厚约为 $\Delta z^+ = 20$。

3.2 悬移质浓度分布

本节关注模型在低浓度悬移质输沙中的应用，考虑 Vanoni（1946）、Montes-Videla（1973）、Coleman（1986）、Wang 和 Qian（1989）、Best 等（1997）、Nezu 和 Azuma（2004）及 Muste 等（2005）的低浓度实验组次中悬移质浓度的垂向分布，各组实验条件如表 3.1 所示。需要强调，表 3.1 中所选实验均为各实验系列中含沙浓度最低的组次。实验中，底床上没有泥沙沉积或冲刷，床面平整，没有形成沙纹等特殊的床面形态。

表 3.1　悬移质输沙实验的实验条件

实验	组次	u_*/(cm/s)	U_m/(m/s)	h/cm	d_p/mm	ρ_p/(kg/m³)	ω_s/(cm/s)	垂向平均体积浓度
Vanoni（1946）	V18F	4.15	0.75	14.1	0.100	2650	0.80	4.45×10^{-4}
	V19I	2.97	0.54	7.2	0.100	2650	0.80	6.42×10^{-5}
	V20	5.88	0.99	14.1	0.100	2650	0.80	4.52×10^{-4}
	V22	4.69	0.79	9.0	0.133	2650	1.19	6.00×10^{-4}
Montes-Videla（1973）	M43	6.95	1.61	7.4	0.210	2650	2.66	6.00×10^{-4}
	M44	6.11	1.34	7.7	0.210	2650	2.66	4.00×10^{-4}
	M45	6.11	1.33	7.7	0.230	2650	3.03	6.00×10^{-4}
	M46	6.99	1.61	7.5	0.280	2650	3.96	8.00×10^{-4}
Coleman（1986）	C02	4.10	0.96	17.1	0.105	2650	0.87	3.05×10^{-4}
	C22	4.10	0.96	17.0	0.210	2650	2.66	2.45×10^{-4}
	C33	4.10	0.96	17.4	0.420	2650	6.47	6.50×10^{-5}
Wang 和 Qian（1989）	SQ1	7.37	1.90	8.0	0.137	2640	1.36	5.30×10^{-3}
Best 等（1997）	B2	3.40	0.58	5.7	0.220	2600	2.78	2.00×10^{-5}
Nezu 和 Azuma（2004）	PS05	1.47	0.28	5.0	0.500	1050	0.55	8.00×10^{-4}
	PS08	1.52	0.28	5.0	0.800	1050	1.03	1.10×10^{-3}
	PS10	1.49	0.28	5.0	1.000	1050	1.31	1.30×10^{-3}
	PS13	1.48	0.28	5.0	1.300	1050	1.65	3.20×10^{-3}
Muste 等（2005）	NS1	4.20	0.81	2.1	0.230	2650	3.03	4.60×10^{-4}

表 3.1 中剪切流速 u_*、水深 h、泥沙粒径 d_p 及泥沙颗粒密度 ρ_p 与前文定义一致;U_m 为水流垂向平均流速;ω_s 为泥沙颗粒沉速。表 3.2 列出了各实验中部分无量纲参数的值,其中 $Re \equiv U_m h/\nu_{f0}$ 为水流雷诺数;$Fr \equiv U_m/\sqrt{gh}$ 为弗劳德数;$d_p^+ \equiv d_p u_*/\nu_{f0}$ 为泥沙无量纲粒径;$Re_p^0 \equiv \omega_s d_p/\nu_{f0}$ 为颗粒雷诺数,采用泥沙沉速计算;$St_w \equiv \tau_{p_0}/\tau_f^*$ 为颗粒反应时间 τ_{p_0} 与流场内区时间尺度 $\tau_f^* \equiv \nu_{f0}/u_*^2$ 的比值,$\tau_{p_0} = \rho_p d_p^2/\{18\rho_f \nu [1+0.15(Re_p^0)^{0.687}]\}$;$St_b \equiv \tau_{p_0} U_m/h$ 为颗粒反应时间与流场外区时间尺度 h/U_m 的比值;$\beta_{\text{best-fitted}}$ 为泥沙浓度分布 Rouse 公式中的参数,后文将具体讨论。

表 3.2   悬移质输沙实验无量纲参数

实验	组次	Re	Fr	d_p^+	St_w	St_b	$\dfrac{\omega_s}{u_*}$	Re_p^0	$\beta_{\text{best-fitted}}$
Vanoni (1946)	V18F	105327	0.64	4.15	2.29	0.0070	0.19	0.80	1.0
	V19I	39096	0.65	2.97	1.17	0.0100	0.27	0.80	1.0
	V20	139167	0.84	5.88	4.60	0.0093	0.14	0.80	1.0
	V22	71325	0.84	6.24	4.22	0.0169	0.25	1.50	1.0
Montes-Videla (1973)	M43	118770	1.88	14.60	21.08	0.0947	0.38	5.59	1.4
	M44	102949	1.54	12.84	16.29	0.0758	0.44	5.59	1.6
	M45	102333	1.53	14.06	18.55	0.0858	0.50	6.97	1.7
	M46	120975	1.88	19.57	31.52	0.1387	0.57	11.07	1.8
Coleman (1986)	C02	163660	0.74	4.31	2.36	0.0078	0.21	0.91	1.0
	C22	162710	0.74	8.61	7.34	0.0246	0.65	5.59	2.5
	C33	166540	0.73	17.22	17.84	0.0584	1.58	27.19	4.4
Wang 和 Qian (1989)	SQ1	152000	2.14	10.10	12.36	0.0540	0.18	1.87	1.0
Best 等 (1997)	B2	33350	0.77	7.48	5.32	0.0465	0.82	6.11	3.2
Nezu 和 Azuma (2004)	PS05	14050	0.40	7.35	2.43	0.0631	0.37	2.75	1.7
	PS08	14050	0.40	12.16	5.26	0.1279	0.68	8.24	1.9
	PS10	13950	0.40	14.90	6.89	0.1732	0.88	13.10	2.5
	PS13	13950	0.40	19.24	9.67	0.2464	1.11	21.45	2.8
Muste 等 (2005)	NS1	17073	1.79	9.66	8.77	0.1924	0.72	6.97	3.0

3.2 悬移质浓度分布

泥沙相对浓度分布曲线常被用来反映悬移质泥沙的紊动扩散特性。曲线以相对浓度 C/C_a 为横坐标，以垂向相对高度 $(y-a)/(h-a)$ 为纵坐标。C 为悬移质体积浓度，C_a 为参考高度 $y=a$ 处的参考浓度，本书中参考高度取为 $a=0.05h$。模型中泥沙为分散介质且泥沙颗粒在紊流中脉动，各个时刻得到的泥沙相对浓度垂向分布曲线必然有所差别。图 3.2 为 C02 算例中瞬时相对浓度分布曲线随计算时间 t^+ 的收敛过程，图中结果显示，瞬时的相对浓度分布曲线随着计算时间的推进逐渐趋近于一个稳定的分布，最后在稳定分布曲线附近波动。各算例中，在 $t^+ \approx 20000$、泥沙颗粒在计算域内趋于稳定分布后，模型继续计算 $t_1^+ = 10000$，统计 t_1^+ 时间段内垂向各层包含的泥沙颗粒总数，得到各层在 t_1^+ 时间段内的时均相对浓度。本章后文所讨论的相对浓度均为时均相对浓度，是泥沙颗粒稳定分布状态下的统计平均值。

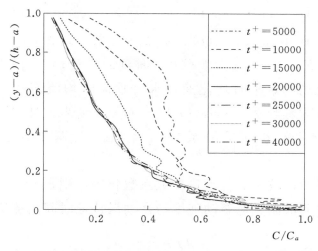

图 3.2　C02 实验中瞬时泥沙相对浓度分布曲线随时间的变化过程

3.2.1　与随机游走模型的对比

本节采用经典的随机游走模型（random walk particle tracking model，RWM）验证耦合 EIM 的 Eulerian-Lagrangian 水沙两相流模型描述泥沙紊动扩散的有效性。随机游走模型是统计物理学中针对扩散问题发展的数值方法,被广泛应用于各个领域内的扩散输运过程(Salamon 等,2006;Shi 和 Yu,2013)。理论上,随机游走模型与对流扩散方程是等价的,其结果的统计平均值与对流扩散方程的解一致(Gardiner,1990)。可以说,随机游走模型能够从统计意义上较为准确地描述泥沙在水流中的紊动扩散。本节将两相流模型的计算结果与随机游走模型的结果进行对比,证明在相同的紊动扩散系数条件下 Eulerian – Lagrangian 模型能够得到与随机游走模型一致的结果,验证构建的两相流模型模拟泥沙紊动扩散的有效性。

随机游走模型中,泥沙颗粒的运动由时均对流运动与表征紊动扩散的布朗运动组成。水平方向上,泥沙颗粒时均流速与水流时均流速相同;垂直方向上,颗粒时均流速等于水流时均流速加上颗粒沉速。具体到二维明渠恒定均匀流问题,泥沙颗粒在 $t+\Delta t$ 时刻的位置 $[x_p(t+\Delta t), y_p(t+\Delta t)]$ 可由式(3.12)与式(3.13)求解:

$$x_p(t+\Delta t) = x_p(t) + u_{f1}(t)\Delta t + \sqrt{2\varepsilon_{s1}(t)\Delta t}\,\varphi_1 \quad (3.12)$$

$$y_p(t+\Delta t) = y_p(t) - \omega_s \Delta t + \sqrt{2\varepsilon_{s2}(t)\Delta t}\,\varphi_2 \quad (3.13)$$

式中:$[x_p(t), y_p(t)]$ 为颗粒在 t 时刻的位置;$u_{f1}(t)$ 为 t 时刻颗粒位置处流场的水平时均流速,水流垂向时均流速在均匀流中忽略不计;ω_s 为颗粒沉速;$\varepsilon_{s1}(t)$ 与 $\varepsilon_{s2}(t)$ 分别为 t 时刻颗粒水平方向与竖直方向的紊动扩散系数;φ_1 与 φ_2 为两组独立的高斯随机数。

假设泥沙扩散系数与动量扩散系数相等,则 $\varepsilon_{si}(t)(i=1,2)$ 可由相应方向上水流流速紊动强度与紊动涡特征时间尺度给定:

$$\varepsilon_{s1}(t) = \frac{1}{2}\sigma^2_{u_{f1}} t_e \quad (3.14)$$

$$\varepsilon_{s2}(t) = \frac{1}{2}\sigma^2_{u_{f2}} t_e \quad (3.15)$$

根据 Graham 和 James(1996)对 EIM 的理论分析,基于标准 EIM 的 Eulerian – Lagrangian 两相流模型中泥沙颗粒水平方向与竖直方向上的紊动扩散系数也满足式(3.14)与式(3.15)的关系。

采用上述构建的随机游走模型计算二维明渠恒定均匀流中悬移

3.2 悬移质浓度分布

质浓度的分布。式（3.12）～式（3.15）中所需的时均速度与紊动强度等流场信息由式（3.1）～式（3.3）及式（3.10）给定，3.1 节中介绍的 Eulerian-Lagrangian 模型边界条件与初始条件同样适用于随机游走模型。计算域水平方向上两侧边界考虑周期性边界条件，自由水面为无通量条件，颗粒与底床的作用假设为完全弹性碰撞。初始时刻，计算域内随机分布 20000 个泥沙颗粒，且每个颗粒的速度与其位置处水流时均流速相等。

图 3.3 对比了 C02、C22、C33 与 SQ1 实验中 Eulerian-Lagrangian 水沙两相流模型（图中标记为"E-L 模型"）与随机游走模型（图中标记为"RWM 模型"）计算得到的相对浓度分布曲线。考虑到标准 EIM 下泥沙紊动扩散系数与随机游走模型中泥沙扩散系数相当，这里的 Eulerian-Lagrangian 模型中均采用标准 EIM 计算泥沙颗粒的脉动速度。四组实验中的泥沙颗粒粒径相差较大，从 C02 中的 0.105mm 到 C33 中的 0.420mm。结果显示，不论泥沙颗粒粒径大小，水沙两相流模型的计算结果与随机游走模型的结果均非常接近、高度吻合。在给定相同的紊动扩散系数条件下，基于 EIM 的两相流模型对颗粒紊动扩散的模拟精度与随机游走模型一致。也就是说，构建的 Eulerian-Lagrangian 模型能够用于模拟泥沙的紊动扩散。

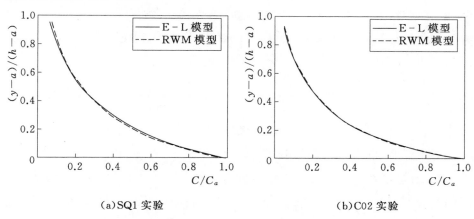

(a) SQ1 实验　　　　　　　　(b) C02 实验

图 3.3（一）　Eulerian-Lagrangian 模型（E-L 模型）与随机游走模型（RWM 模型）结果对比

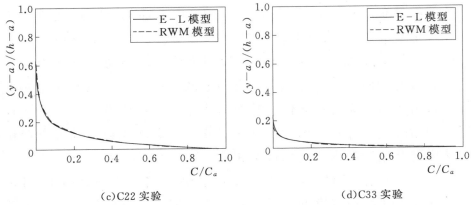

(c) C22 实验　　　　　　　　　(d) C33 实验

图 3.3（二） Eulerian-Lagrangian 模型（E-L 模型）与随机游走模型（RWM 模型）结果对比

3.2.2 不同粒径下悬移质相对浓度分布

图 3.4 为各实验组次中 Eulerian-Lagrangian 两相流模型计算得到的泥沙相对浓度分布曲线与实验数据的对比，图中标记为"标准 EIM"的曲线为基于标准 EIM 的 Eulerian-Lagrangian 模型的计算结果，标记为"尾流修正 EIM"的曲线为考虑颗粒尾流的影响对 EIM 进行修正后模型计算得到的泥沙相对浓度分布。此外，图 3.4 中还包含了经典的悬移质浓度分布 Rouse 公式给出的相对浓度分布曲线。最原始的 Rouse 公式假设泥沙扩散系数与动量扩散系数相等，低估粗粒径泥沙颗粒的扩散；van Rijn（1984）等引入与扩散系数相关的参数 β 对 Rouse 公式进行修正：

$$\frac{C}{C_a} = \left(\frac{h-y}{y}\frac{a}{h-a}\right)^{Z_1}, \quad Z_1 \equiv \frac{\omega_s}{\beta\kappa u_*} \quad (3.16)$$

式中：Z_1 为考虑 β 修正的 Rouse 数；$\beta \equiv \varepsilon_s/\varepsilon_m$ 为泥沙紊动扩散系数 ε_s 与水流动量扩散系数 ε_m 的比值。

紊动扩散系数沿垂向非均匀分布，$\varepsilon_s/\varepsilon_m$ 为垂向高度的函数。一般情况下，β 取水深平均值。调整 β 值以减小 Rouse 曲线与实验数据间的误差，定义 Rouse 曲线与实验数据最接近时的 β 值为最优拟合参数 $\beta_{\text{best-fitted}}$。表 3.2 中列出了各组实验中 Rouse 公式的 $\beta_{\text{best-fitted}}$。图

3.4 中包含了 $\beta = 1$ 及 $\beta = \beta_{\text{best-fitted}}$ 条件下的泥沙相对浓度分布 Rouse 曲线；部分实验中 $\beta_{\text{best-fitted}} = 1.0$，两条曲线合并为一条。

结果显示，所有算例中基于标准 EIM 的 Eulerian - Lagrangian 水沙两相流模型的计算结果与 $\beta = 1$ 条件下的 Rouse 公式计算结果非常接近。标准涡相干模型与 $\beta = 1$ 条件下的 Rouse 公式均假设泥沙紊动扩散系数等于水流动量扩散系数，且 EIM 模型中应用的水流紊动强度与掺混长度等水动力条件均与 Rouse 公式中的条件相同。Rouse 公式是泥沙对流扩散方程在均匀流条件下的理论解，在给定相同的水动力条件下，Eulerian - Lagrangian 模型计算得到的相对浓度分布与 Rouse 曲线十分接近，这进一步证明了本书构建的两相流模型描述泥沙紊动扩散的有效性。

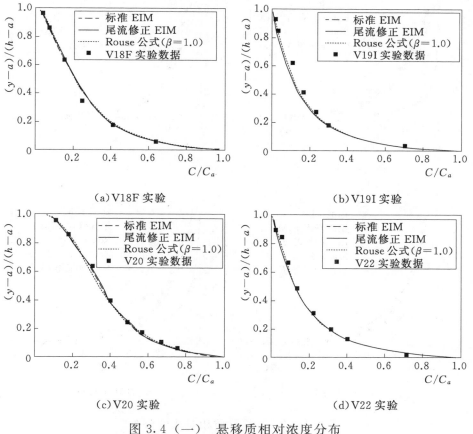

图 3.4（一） 悬移质相对浓度分布

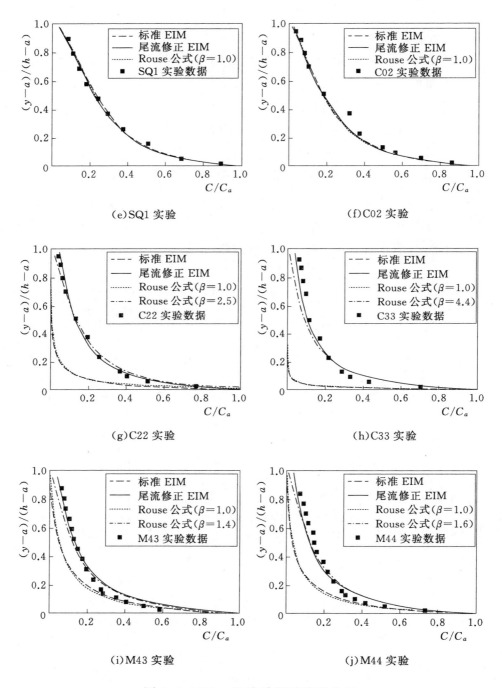

图 3.4（二） 悬移质相对浓度分布

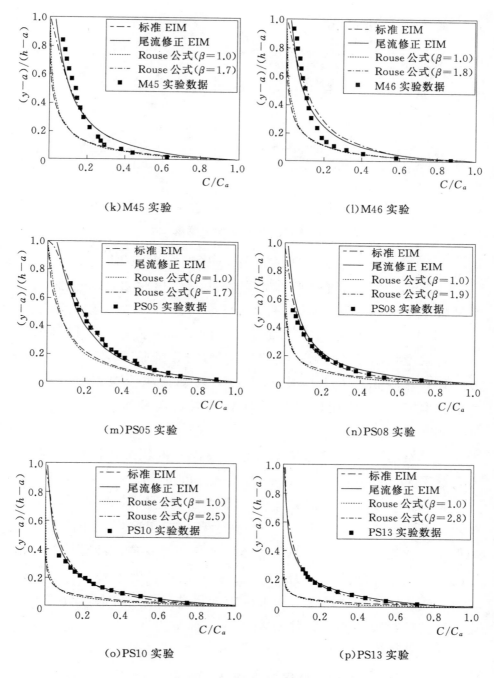

图 3.4（三） 悬移质相对浓度分布

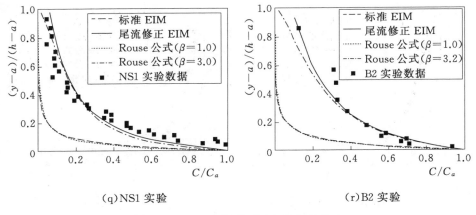

(q)NS1 实验　　　　　　　　(r)B2 实验

图 3.4（四）　悬移质相对浓度分布

在图 3.4（a）～图 3.4（f）中，基于标准 EIM 的 Eulerian-Lagrangian 水沙两相流模型计算得到的泥沙相对浓度分布曲线与实验数据吻合得很好。而在图 3.4（g）～图 3.4（r）中，基于标准 EIM 的两相流模型与 $\beta=1$ 条件下的 Rouse 公式计算得到的泥沙相对浓度均明显小于实验结果，模型明显低估了泥沙的紊动扩散。且对比图 3.4（g）与图 3.4（h）可知，泥沙颗粒粒径越大，基于标准 EIM 的两相流模型的计算结果与实验数据间的差距也越大。

这里根据颗粒雷诺数 Re_p^0 对悬移质泥沙的粗细作简单的划分。由表 3.2 可知，图 3.4（a）～图 3.4（f）所示的 V18F、V19I、V20、V22、SQ1 与 C02 实验中，泥沙颗粒的颗粒雷诺数均小于 2.00，而图 3.4（g）～图 3.4（r）所示各实验组次中，泥沙颗粒的颗粒雷诺数均大于 2.00。取 $Re_p^0=2.00$ 作为悬移质泥沙颗粒粒径粗细的一个划分标准。对于 $Re_p^0<2.00$ 的细粒径泥沙颗粒，其惯性较小，能够比较好地跟随紊动水体运动，满足紊动扩散系数等于水流动量扩散系数的假设，能够利用基于标准 EIM 的两相流模型来描述其紊动扩散。而对于 $Re_p^0>2.00$ 的粗粒径泥沙颗粒，由于惯性较大，不能很好地跟随紊动水体脉动，与周围水体存在相对运动，紊动扩散系数与水流动量扩散系数不等。图 3.4 的计算结果显示，低含沙水流中粗粒径悬移质的紊动扩散系数大于细粒径悬移质的扩散系数、大于水流动量扩散系数，这一结果与前人的研究结论一致（Coleman，1970；Umeyama，1999；李丹勋，1999；Cao 等，2003；Wren 等，2005）。

图 3.4 显示，不论是在细粒径还是在粗粒径悬移质实验中，考虑尾流对泥沙颗粒紊动强度的影响修正 EIM 后，Eulerian - Lagrangian 模型计算得到的泥沙相对浓度均与实验数据吻合得很好。对于细粒径悬移质，基于尾流修正 EIM 的 Eulerian - Lagrangian 模型计算结果与基于标准 EIM 的模型计算结果几乎没有差别。这是因为细粒径泥沙颗粒能较好地跟随紊动水体运动，与周围水流的相对运动速度很小，绕流流动强度低，尾流内扰动很弱，对颗粒紊动强度的增强效应可以忽略不计。对于粗粒径悬移质，在 EIM 中考虑尾流对颗粒速度脉动强度的增强效应，明显改善了 Eulerian - Lagrangian 模型的计算结果；各实验组次中，耦合了尾流修正 EIM 的模型计算得到的泥沙相对浓度分布均与实验数据吻合，且与 $\beta = \beta_{\text{best-fitted}}$ 条件下的 Rouse 曲线非常接近。

上述分析表明，尾流对颗粒紊动的增强效应是粗粒径悬移质泥沙紊动扩散系数大于细粒径泥沙扩散系数、大于水流动量扩散系数的重要原因。本章计算所选用的实验中泥沙颗粒粒径范围较宽，$0.14 \leqslant \omega_s/u_* \leqslant 1.58$，已有的悬移质输沙实验中泥沙粒径大多都处于该范围内。可以说，本书构建的、考虑尾流对颗粒紊动增强效应的 Eulerian - Lagrangian 两相流模型能够模拟较宽粒径范围内的悬移质泥沙的紊动扩散。

3.3　涡相干模型的不同修正

第 2 章 2.2 中基于尾流对颗粒紊动的增强对标准涡相干模型进行了修正，结果表明，这一修正明显改善了 Eulerian - Lagrangian 模型在粗粒径悬移质输沙实验中的计算结果。为进一步验证该修正的有效性，本节将基于前人关于泥沙颗粒紊动强度的研究对标准涡相干模型进行另一种不同的修正，对比两种修正下 Eulerian - Lagrangian 模型的计算结果。

具体来看，修正涡相干模型实质上是修正模型中与泥沙颗粒紊动强度相关的假设。标准涡相干模型中假定泥沙速度的脉动强度等于水流流速的脉动强度。事实上，这一假设只适用于细粒径悬移质。尽管有不少学者对两相紊动强度间的关系进行了研究（Muste 和 Patel，1997；Nikora 和 Goring，2002；Muste 等，2009），但到目前为止，学术界对这一问题仍然没有统一的认识，对两相紊动强度差别的量化更是少见。Montes - Videla（1973）对泥沙紊动强度进行了研究，本节将基于其研究结论对标准涡相干模型进行修正。

Montes - Videla（1973）研究发现泥沙颗粒速度的水平向脉动强度与水流流速的脉动强度相等，竖直方向脉动强度等于水流脉动强度与泥沙沉速之和。基于这一关系，涡相干模型中泥沙颗粒的脉动速度可由式（3.17）给出：

$$\bm{u}'_p = [\sigma_{u_{f1}}\varphi_1, (\sigma_{u_{f2}}+\omega_s)\varphi_2, \sigma_{u_{f3}}\varphi_3] \quad (3.17)$$

其中，$\sigma_{u_{fi}}(i=1,2,3)$ 为水流在各个方向上的紊动强度，$i=2$ 表示竖直方向。

模型中其他物理量，如涡特征时间尺度 t_e 与特征空间尺度 l_e，仍采用标准涡相干模型中相应的公式进行计算。

图 3.5 对比了不同的涡相干模型下 Eulerian - Lagrangian 模型的计算结果。与图 3.4 相同，标记为"标准 EIM"的相对浓度分布曲线为耦合标准 EIM 的 Eulerian - Lagrangian 两相流模型的计算结果；标记为"尾流修正 EIM"的曲线为考虑颗粒尾流的影响修正标准 EIM 后 Eulerian - Lagrangian 模型的计算结果；标记为"MV - EIM"的曲线为基于 Montes - Videla（1973）的假设、采用式（3.17）修正标准 EIM 条件下两相流模型计算得到的泥沙相对浓度分布。

结果显示，对于图 3.5（a）～图 3.5（f）所示的细粒径悬移质，MV - EIM 条件下模型计算得到的泥沙相对浓度较实验数据偏大，且大于标准 EIM 条件下模型的计算值。对于图 3.5（g）～图 3.5（r）所示的粗粒径悬移质，基于 Montes - Videla（1973）假设修正标准涡相干模型后，Eulerian - Lagrangian 模型的计算结果得到了一定程度的改善，尽管其与实验数据的吻合程度仍不能令人满意。在大部分算例中，与尾流修正 EIM 条件下的模型计算结果相比，MV - EIM 条件下 Eulerian - Lagrangian 模型计算得到的泥沙相对浓度分布曲线与实验数据间的差距更大。只有在 Montes - Videla（1973）的四组实验中，两种不同的EIM 修正下模型的计算结果非常接近。

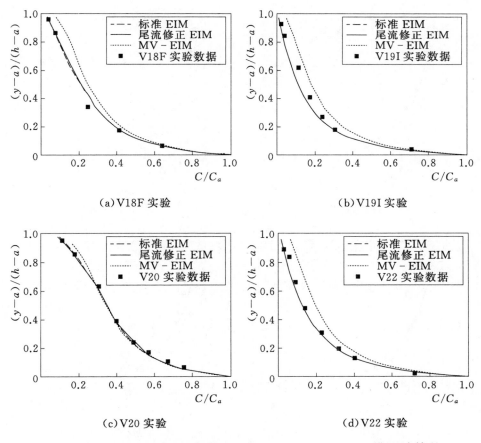

(a) V18F 实验　　　　　　　　(b) V19I 实验

(c) V20 实验　　　　　　　　(d) V22 实验

图 3.5（一）　不同 EIM 条件下 Eulerian - Lagrangian 模型计算的悬移质相对浓度分布

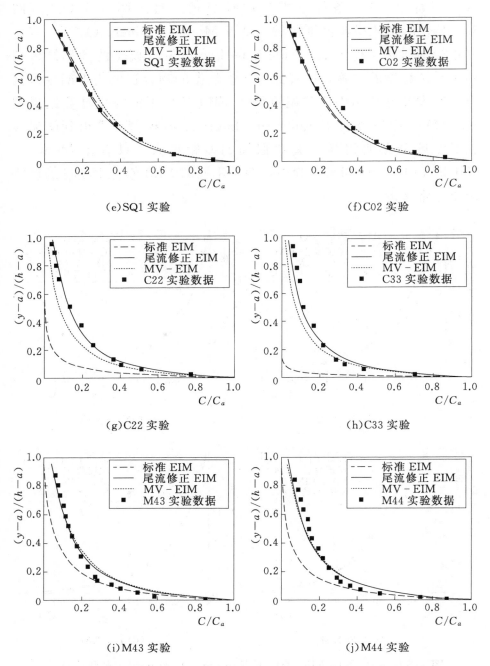

图 3.5（二） 不同 EIM 条件下 Eulerian–Lagrangian 模型计算的悬移质相对浓度分布

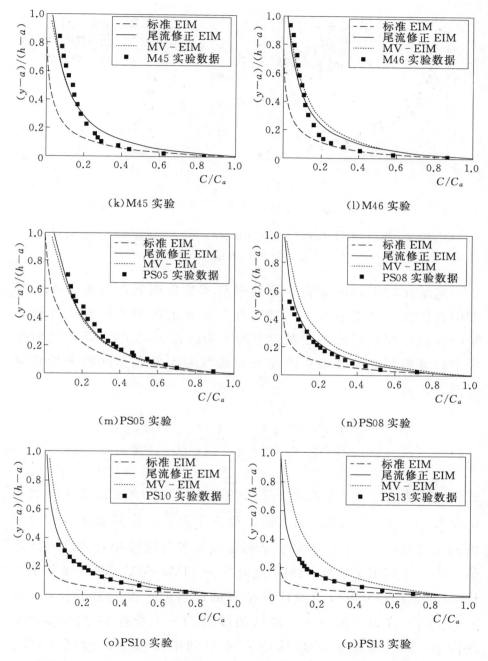

图 3.5（三） 不同 EIM 条件下 Eulerian－Lagrangian 模型计算的悬移质相对浓度分布

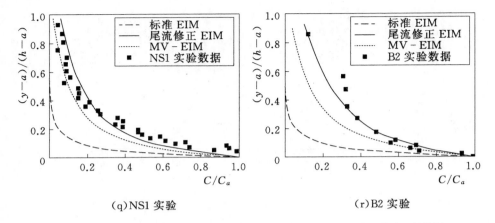

(q)NS1 实验 (r)B2 实验

图 3.5（四）　不同 EIM 条件下 Eulerian - Lagrangian 模型计算的
悬移质相对浓度分布

定量比较不同模型的计算结果与实验数据间的误差。考虑模型的普适性，这里不去一一对比每个实验组次中不同模型计算结果的误差，而是对比多个实验中的平均误差。定义在 M 组实验中模型计算得到的泥沙相对浓度分布曲线与实验数据间的平均相对误差：

$$Er \equiv \frac{1}{M}\sum_{i=1}^{M}\frac{1}{N_i}\sum_{j=1}^{N_i}\left|\frac{(C/C_a)_j^c - (C/C_a)_j^e}{(C/C_a)_j^e}\right| \qquad (3.18)$$

式中：M 为考虑的实验组数；N_i 为第 i 组实验中测量点及实测数据的个数；$(C/C_a)_j^e$ 为第 i 组实验、第 j 个测量点位置处泥沙相对浓度的实测值；$(C/C_a)_j^c$ 为第 j 个测量点位置处泥沙相对浓度的计算值。表 3.3 列出了标准 EIM、尾流修正 EIM、MV - EIM 条件下的 Eulerian - Lagrangian 模型计算结果的误差值，也给出了 $\beta=1$ 与 $\beta=\beta_{\text{best-fitted}}$ 条件下的 Rouse 曲线的误差。Er 为所有 18 组实验的平均误差；Er_f 为细粒径悬移质实验中的平均误差，包括 V18F、V19I、V20、V22、SQ1、C02 六组实验；Er_c 为剩余 12 组粗粒径悬移质实验中的平均误差。

表 3.3　不同模型计算的悬移质浓度分布与实验数据间的相对误差　%

计算模型	Er	Er_f	Er_c
标准 EIM	47.5	6.7	67.9
尾流修正 EIM	12.9	6.0	16.4
MV－EIM	32.0	37.5	29.3
Rouse 公式（$\beta=1$）	47.3	6.4	67.7
Rouse 公式（$\beta=\beta_{\text{best-fitted}}$）	15.2	6.4	19.6

结果显示，标准 EIM 条件下的 Eulerian－Lagrangian 模型在细粒径悬移质实验中的平均误差（6.7%）远小于在粗颗粒实验中的平均误差（67.9%），且不论是在细颗粒还是粗颗粒实验中，其计算误差与 $\beta=1$ 条件下的 Rouse 公式的误差非常接近，这与前文中由相对浓度分布曲线直观对比得到的定性结论一致。基于 Montes－Videla（1973）的假设对 EIM 进行修正后，模型在粗粒径悬移质实验中的计算误差由 67.9% 减小到 29.3%，但在细颗粒实验中的误差却由 6.7% 增大到 37.5%。由此可见，基于 Montes－Videla（1973）假设对 EIM 的修正一定程度上改善了模型模拟粗粒径悬移质紊动扩散的性能，但明显放大了模型在细颗粒泥沙问题中的计算误差。尾流修正 EIM 条件下 Eulerian－Lagrangian 模型在细粒径与粗粒径悬移质实验中的计算误差分别为 6.0% 和 16.4%，均满足计算精度要求，且均小于 $\beta=\beta_{\text{best-fitted}}$ 条件下的 Rouse 公式相应的计算误差。至此，可以说，考虑尾流对颗粒紊动强度增强效应的 EIM 修正比基于 Montes－Videla（1973）假设的 EIM 修正更好，耦合了考虑尾流影响的修正 EIM 的 Eulerian－Lagrangian 模型描述悬移质紊动扩散的精度较高。

3.4　Rouse 公式修正

本节利用考虑了颗粒尾流影响的涡相干模型修正经典的悬移质浓度分布 Rouse 公式，得到最佳拟合参数 $\beta_{\text{best-fitted}}$ 的经验公式。

根据 Wang 和 Stock（1993）以及 Graham 和 James（1996）的

理论分析，涡相干模型中固体颗粒的垂向紊动扩散系数 ε_{s2} 满足式（3.19）中的关系：

$$\varepsilon_{s2} = \sigma_{u_{p2}}^2 \tau_L \tag{3.19}$$

式中：$\sigma_{u_{p2}}$ 为泥沙颗粒在垂向方向上的紊动强度；τ_L 为流场的 Lagrangian 积分时间尺度，等于涡特征时间尺度的一半，即 $\tau_L = t_e/2$。

考虑尾流对泥沙颗粒紊动强度的增强效应，利用式（2.56）与式（2.57）得到泥沙颗粒垂向紊动强度：

$$\sigma_{u_{p2}} = \sqrt{\sigma_{u_{f2}}^2 + \frac{2}{3}\Delta k} = \sqrt{\sigma_{u_{f2}}^2 + \frac{2}{3}c|\boldsymbol{u}_f - \boldsymbol{u}_p|^2 C_D^{4/3}\psi^{1/3}} \tag{3.20}$$

利用颗粒沉速 ω_s 代替式（3.20）中泥沙与水流的相对速度，并将式（3.20）代入式（3.19）中，改写泥沙垂向扩散系数的计算式：

$$\varepsilon_{s2} = \sigma_{u_{f2}}^2 \tau_L \left[1 + c_6 \left(\frac{\omega_s}{\sigma_{u_{f2}}}\right)^2 C_D^{4/3}\psi^{1/3}\right] \tag{3.21}$$

式中：c_6 为计算系数。

类似地，在涡相干模型中，水流垂向动量扩散系数 ε_{m2} 满足式（3.22）的关系：

$$\varepsilon_{m2} = \sigma_{u_{f2}}^2 \tau_L \tag{3.22}$$

采用泥沙颗粒紊动扩散系数与水流动量扩散系数的比值 β 修正 Rouse 公式。根据式（3.21）与式（3.22），利用式（3.23）计算 β 的垂向分布：

$$\beta = \frac{\varepsilon_{s2}}{\varepsilon_{m2}} = 1 + c_6 \left(\frac{\omega_s}{\sigma_{u_{f2}}}\right)^2 C_D^{4/3}\psi^{1/3} \tag{3.23}$$

通常，采用 β 沿水深的平均值修正 Rouse 公式。对式（3.23）在垂向上进行积分并取平均，最终得到 β 的计算公式。

$$\beta = 1 + c' \left(\frac{\omega_s}{u_*}\right)^2 C_D^{4/3}\psi^{1/3} \tag{3.24}$$

式中：c' 为计算系数，在本书中取为 0.95。

图 3.4 显示考虑了颗粒尾流影响的 Eulerian - Lagrangian 模型

的计算结果与 $\beta = \beta_{\text{best-fitted}}$ 条件下的 Rouse 公式计算结果非常接近，这说明 Eulerian – Lagrangian 模型中泥沙扩散系数与水流动量扩散系数近似满足 $\varepsilon_s/\varepsilon_m = \beta_{\text{best-fitted}}$ 的关系。式（3.24）为根据涡相干模型的理论推导得到的 Eulerian – Lagrangian 模型中泥沙扩散系数与动量扩散系数之间的关系，故而，式（3.24）可以作为 Rouse 公式中最佳拟合参数 $\beta_{\text{best-fitted}}$ 的经验公式。

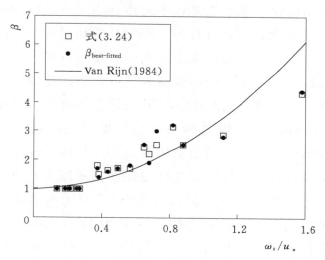

图 3.6　式（3.24）计算结果与实验中 $\beta_{\text{best-fitted}}$ 值的对比

图 3.6 为式（3.24）的计算结果与各组实验中 Rouse 公式的 $\beta_{\text{best-fitted}}$ 值、Van Rijn（1984）公式计算结果的对比。Van Rijn（1984）给出的 β 与 ω_s/u_* 的关系：$\beta = 1 + 2(\omega_s/u_*)^2$，常被用来修正 Rouse 公式。结果表明，式（3.24）计算得到的 β 与各实验中的 $\beta_{\text{best-fitted}}$ 吻合得很好，且在 $\omega_s/u_* > 0.90$ 的范围内，式（3.24）明显优于 Van Rijn（1984）的公式。

第4章 基于SPH方法的双流体模型

本章介绍构建的基于光滑粒子流体动力学方法（SPH）的Eulerian-Eulerian水沙双流体模型。模型从两相局部瞬时的质量与动量守恒方程出发，基于双流体连续介质假设，得到水沙两相的体积平均控制方程组。对水沙两相控制方程进行空间滤波，采用质量浓度加权的Favre平均得到两相空间平均的连续方程与动量方程，并引入Smagorinsky模型描述两相的小尺度脉动。基于SPH方法，模型将含沙水流离散成一组自由运动且相互作用的粒子，粒子以水相的速度运动且携带泥沙体积浓度与泥沙相速度等物理信息。模型将欧拉坐标下的两相控制方程改写为SPH粒子的运动方程与粒子携带的物理量的常微分控制方程，利用SPH方法将方程中的偏微分项离散成粒子求和的形式、采用预测-校正时间步进格式求解控制方程。此外，模型还构建了适用于水沙混合物的状态方程，实现压强与速度的解耦。

4.1 SPH数值方法

4.1.1 SPH方法的基本知识

光滑粒子流体动力学方法（SPH）最初由Lucy（1977）以及Gingold和Monaghan（1977）分别独立提出以研究天文学中星系云团的运动，并逐渐推广应用在电磁学、计算固体力学等领域。由于SPH方法不需要计算网格，可适用于大变形、间断、自由表面等问题，最初广泛用于研究激波等间断问题（Monaghan和Gingold，1983）。Monaghan（1994）首次将该办法应用于模拟自由表面流动，很快 SPH 方法便在计算流体力学领域得到了飞速的发展（Liu 和 Liu，2010），被广泛应用于黏性流动（Tan 等，2015）、溃坝波（张弛等，2011）、波浪爬坡（Rogers 和 Dalrymple，2005）、海啸（Wei 等，2015）、多孔介质流动（Shao，2010）等问题的研究。

SPH 本质上是一类数值离散方法（Gómez‑Gesteira 等，2005），其基本思想是将连续的流体划分为一系列自由运动且相互作用的粒子，每个粒子具有质量、速度等物理信息且在控制方程约束下独立运动，通过跟踪计算粒子携带的物理信息的演变来描述流场性质的变化。在 SPH 方法中，物理量在任意一点的值均可以利用粒子的相关信息近似得到。考虑某一物理量在空间点 x 位置处的值 $f(x)$，其可以采用 δ 函数精确表示：

$$f(x) = \int_{\Omega} f(x')\delta(x'-x)\mathrm{d}\Omega_{x'} \tag{4.1}$$

其中，Ω 为整个计算域，$\mathrm{d}\Omega_{x'}$ 为空间点 x' 处的微元控制体体积。采用核函数（kernel function）$W(x'-x, h)$ 近似 $\delta(x'-x)$ 函数，有：

$$f(x) \approx \int_{\Omega} f(x')W(x'-x, h)\mathrm{d}\Omega_{x'} \tag{4.2}$$

式中：h 为光滑长度（smoothing length），用来表征核函数影响域的空间大小。

式（4.2）中的近似意味着空间 x 位置处物理量的值由一定范围的影响域内所有空间点的物理性质共同决定。考虑计算域由一系列的 SPH 粒子组成，式（4.2）中的空间积分可采用粒子求和的形式近似，故而点 x 位置处物理量的值可进一步近似为式（4.3）的形式：

$$f(x) \approx \sum_{j=1}^{N} f(x_j)W(x_j - x, h)\mathrm{d}V_j \tag{4.3}$$

式中：N 为计算域内 SPH 粒子的总数目；x_j 为第 j 个粒子的位置；$f(x_j)$ 为第 j 个粒子携带的该物理量的值；$\mathrm{d}V_j$ 为第 j 个粒子的体积。

式（4.3）中对 $f(\boldsymbol{x})$ 的近似精度取决于核函数的具体形式及光滑长度 h 的大小（Monaghan，2005；刘谋斌和常建忠，2010）。SPH 方法要求核函数首先必须满足正则条件，即：

$$\int_\Omega W(\boldsymbol{x}' - \boldsymbol{x},\ h) \mathrm{d}\Omega_{\boldsymbol{x}'} = 1 \tag{4.4}$$

且当光滑长度 h 趋于零时，核函数收敛于 δ 函数，即：

$$\lim_{h \to 0} W(\boldsymbol{x}' - \boldsymbol{x},\ h) = \delta(\boldsymbol{x}' - \boldsymbol{x}) \tag{4.5}$$

同时，核函数还需满足紧致性条件（compactness condition），即当 $|\boldsymbol{x}' - \boldsymbol{x}| \geqslant \alpha h$ 时，$W(\boldsymbol{x}' - \boldsymbol{x},\ h) = 0$。$\alpha$ 为一系数，αh 为核函数的影响域半径。Gómez-Gesteira 等（2012）介绍了四类常用的核函数，Liu 和 Liu（2003）与 Liu 等（2003）给出了构造核函数的广义方法。

SPH 方法在离散控制方程的空间导数项时非常方便（Monaghan，1992；Price，2012）。根据函数积求导法则及高斯定律，并考虑核函数的紧致性条件，可以得到 $\boldsymbol{x}_i$ 位置处函数 $f(\boldsymbol{x})$ 沿 x 方向的一阶导数 $(\partial f/\partial x)_{\boldsymbol{x}_i}$ 与二阶导数 $(\partial^2 f/\partial x^2)_{\boldsymbol{x}_i}$ 的近似值：

$$\left[\frac{\partial f}{\partial x}\right]_{\boldsymbol{x}_i} \approx \sum_{j=1}^N f(\boldsymbol{x}_j) \frac{\partial W}{\partial x} \mathrm{d}V_j \tag{4.6}$$

$$\left[\frac{\partial^2 f}{\partial x^2}\right]_{\boldsymbol{x}_i} \approx \sum_{j=1}^N f(\boldsymbol{x}_j) \frac{\partial^2 W}{\partial x^2} \mathrm{d}V_j \tag{4.7}$$

式中：$\partial W/\partial x$ 与 $\partial^2 W/\partial x^2$ 分别为 $\boldsymbol{x}_i$ 位置处核函数沿 x 方向一阶导数与二阶导数的值；$\boldsymbol{x}_i$ 为第 i 个粒子的坐标。

式（4.6）与式（4.7）精度较低，在均匀场中其计算得到的导数值并不为零。一般情况下，控制方程的离散并不直接采用式（4.6）与式（4.7），而是利用变形处理后的式（4.8）～式（4.10）：

$$\left[\frac{\partial f}{\partial x}\right]_{\boldsymbol{x}_i} \approx \sum_{j=1}^N \frac{\phi(\boldsymbol{x}_j)}{\phi(\boldsymbol{x}_i)} [f(\boldsymbol{x}_j) - f(\boldsymbol{x}_i)] \frac{\partial W}{\partial x} \mathrm{d}V_j \tag{4.8}$$

$$\left[\frac{\partial f}{\partial x}\right]_{\boldsymbol{x}_i} \approx \sum_{j=1}^N \left[\frac{\phi(\boldsymbol{x}_i)}{\phi(\boldsymbol{x}_j)} f(\boldsymbol{x}_j) + \frac{\phi(\boldsymbol{x}_j)}{\phi(\boldsymbol{x}_i)} f(\boldsymbol{x}_i)\right] \frac{\partial W}{\partial x} \mathrm{d}V_j \tag{4.9}$$

$$\left[\frac{\partial^2 f}{\partial x^2}\right]_{\boldsymbol{x}_i} \approx 2\sum_{j=1}^N \frac{f(\boldsymbol{x}_i) - f(\boldsymbol{x}_j)}{x_{\boldsymbol{x}_i} - x_{\boldsymbol{x}_j}} \frac{\partial W}{\partial x} \mathrm{d}V_j \tag{4.10}$$

式中：x_{x_i} 与 x_{x_j} 分别为第 i 个粒子与第 j 个粒子沿 x 方向的坐标；$\phi(x)$ 为加权函数，通常取为 1 或者 SPH 粒子的密度。

式（4.8）与式（4.10）能够保证在均匀场中计算得到的导数值等于零，式（4.9）用于粒子运动方程压强梯度项的离散时满足粒子间动量守恒条件（Brookshaw，1985；Morris 等，1997；Lo 和 Shao，2002）。本章将基于这三个关系式离散模型的控制方程。

通常情况下，需要引入一定的数值处理技术来抑制或消除 SPH 方法计算结果中的非物理波动。最初，Monaghan（1989）采用 XSPH 方法对 SPH 粒子的速度进行空间平均，以抑制由于速度差异导致粒子分布重叠带来的数值不稳定。然而，XSPH 方法引入了较大的数值黏性，计算误差偏大，目前在水动力学研究中已很少应用（Khayyer 和 Gotoh，2010；Gómez - Gesteira 等，2012）。Monaghan（1992）在粒子运动方程中引入人工黏性项以描述流体黏性的影响，同时抑制速度与压强等物理量的数值波动。由于形式简单、计算方便，人工黏性在不少问题中均有应用（Monaghan，1994；Gómez - Gesteira 和 Dalrymple，2004）。Toro（2001）基于黎曼问题对 SPH 离散格式进行了修正，利用黎曼格式提高 SPH 方法的稳定性。这一类格式虽然形式较为复杂，但由于其稳定性好，在 SPH 模型中已有相当广泛的应用（Vila，1999；Parshikov 和 Medin，2002；Cha 和 Whitworth，2003；Colagrossi 和 Landrini，2003）。Ferrari 等（2009）与 Mayrhofer 等（2013）类比雷诺时均方法引入数值波动耗散系数，对 SPH 粒子的密度变化控制方程进行修正以消除粒子密度的非物理波动。Dalrymple 和 Rogers（2006）及 Colagrossi 和 Landrini（2003）认为对 SPH 粒子的密度进行平均也能够很好地抑制压强的数值波动，由此在 SPH 方法中引入了 Shepard 平均技术。Shepard 平均方法要求每隔 n 个计算时间步后，利用式（4.11）重新计算第 i 个粒子的密度：

$$\rho_i = \frac{\sum_{j=1}^{N} \rho_j W_{ij} \mathrm{d}V_j}{\sum_{j=1}^{N} W_{ij} \mathrm{d}V_j} \tag{4.11}$$

其中，$W_{ij} = W(\bm{x}_j - \bm{x}_i, h)$。一般 n 可取 $20\sim 50$。本书将改进式 (4.11) 中的 Shepard 平均方法以抑制水沙两相流计算结果中的数值波动。

SPH 方法的另一个关键点是对边界条件的处理。SPH 方法为无网格方法，跟踪粒子运动能够自然地捕捉自由表面的运动，适用于形态复杂的壁面边界。但其处理壁面边界的优势必须基于对粒子与固体壁面相互作用的准确描述。Libersky 等 (1993) 与 Takeda 等 (1994) 采用镜像边界条件处理粒子与固体壁面的作用。如图 4.1 (a) 所示，当固体壁面在粒子 i 的影响域内时，在壁面另一侧生成 i 影响域内所有粒子的镜像 i'、j_1'、j_2'、j_3'；粒子 i 与壁面的作用即转化为 i 与所有镜像粒子的相互作用。这种处理方法计算量

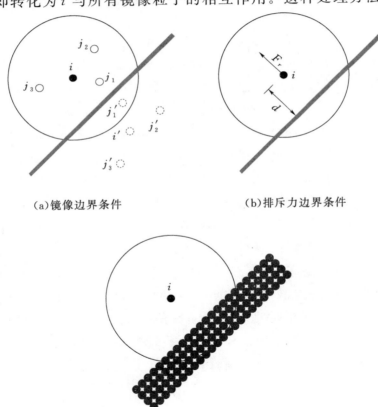

(a) 镜像边界条件　　　　(b) 排斥力边界条件

(c) 真实粒子边界条件

图 4.1　SPH 方法中壁面边界条件的常见处理方法

过大,在壁面形状复杂的情况下镜像粒子的构造比较麻烦。Monaghan(1994)与 Monaghan 和 Kajtar(2009)根据粒子 i 离壁面的距离直接计算边界对 i 的排斥力,如图 4.1(b)所示,这一类处理可称为排斥力边界条件,其处理精度取决于排斥力的计算公式。Dalrymple 和 Knio(2001)提出了另一种较为简单的固体边界处理办法,如图 4.1(c)所示,将固体边界也离散成 SPH 粒子,边界粒子与流体粒子类似,携带密度等物理量的信息,也采用与流体粒子相同的控制方程计算物理量的变化,但边界粒子固定不动。粒子 i 的计算中包含了影响域内的边界粒子,通过计算流体粒子与边界粒子间的作用,反映固体边界对流动的影响(Zou,2007)。本书的模型中将利用 Dalrymple 和 Knio(2001)提出的方法处理壁面边界对含沙水流的作用。

4.1.2 基于 SPH 方法的两相流模型

两相流研究方面,SPH 方法被用来模拟互不相溶的两种或多种流体掺混过程(Shao,2012;Shakibaeinia 和 Jin,2012)、水中油滴与气泡的上升过程(Colagrossi 和 Landrini,2003)、多孔介质中流体运动(Tartakovsky 和 Meakin,2006)、河床在溃坝水流冲刷下的形态演变(Shakibaeinia 和 Jin,2011)、松散滑坡体生波(Gotoh 和 Sakai,2006)。根据研究对象及模型控制方程,可以将现有的 SPH 两相流模型归纳为四类:流体互不相溶模型(immiscible - fluid Model)、流体互溶模型(interpenetrating - fluid model)、混相模型(mixture model)、SPH 颗粒轨道模型(SPH - DEM model)。

流体互不相溶模型常被用来模拟两种或多种互不相溶的流体间相界面形态的变化,如气泡在水中上升过程中的形态变化(Khayyer 和 Gotoh,2013)、经典 Rayleigh - Taylor 不稳定问题(Hu 和 Adams,2009),是应用最为广泛的一类 SPH 两相流模型。这类模型充分利用 SPH 无网格方法对各种复杂界面的适应性,采用两组不同物理性质的粒子分别代表互不相溶的两种流体,每组粒子均按各自的控制方程运动。相界面附近，两组粒子相互作用，采用一定的数值处理技术模拟两相压强、黏性应力及表面张力作用（Zhang，2010）。

流体互溶模型类似连续介质模型，假设宏观足够小、微观足够大的控制单元被两种流体同时充满，两相间不存在宏观上明显的相界面。模型也采用两组粒子分别代表两种流体，两组粒子均可以充满整个计算区域且可以同时占据空间单点位置；两相粒子间存在拖曳力等相间作用力。Monaghan 和 Kocharyan（1995）最早构建了流体互溶模型，并将其用于模拟灰尘团在气体中的输移扩散（Monaghan，1997）；Laibe 和 Price（2011）进一步完善了该模型并应用于天文学中尘埃团的运动。利用该模型，Bui 等（2007）模拟了水射流开挖技术中射流与开挖坑的形态变化，Xiong 等（2011）模拟了气固流化床内气泡的形成与上升。流体互溶模型的物理情形与连续介质模型一致，可以借鉴参考连续介质模型的研究成果。

SPH 混相模型将两种流体作为一个整体混合相，描述混合相的速度、压强等动力因素，考虑各相体积分数的变化。不同于流体互溶模型，混相模型仅需一组粒子离散两相流，计算量大大减小。采用混相模型，Laibe 和 Price（2014）模拟了尘埃团和含尘气体激波问题中灰尘团的浓度变化；Tartakovsky 和 Meakin（2006）计算了多孔介质中水流所含溶质浓度的变化。考虑到其能够较好地反映两相相互作用且计算量相对较小，SPH 混相模型在两相流问题的研究中有广阔的应用前景。

SPH 颗粒轨道模型采用 SPH 方法离散连续流体、基于 La-grangian 观点跟踪固体颗粒，理论上能够从颗粒尺度准确直观地揭示两相流的运动机理。已有研究表明：一定条件下，模型能够较为准确地反映流体与固体颗粒间的作用（Gao 和 Herbst，2009；Sun 等，2013）。然而，出于计算量的考虑，这些研究中固体颗粒的数目往往不多，模型是否能准确描述高浓度液固两相流还值得怀疑。模型庞大的计算量将限制其发展与应用。

4.2 控　制　方　程

本节将从两相局部瞬时的质量与动量守恒方程出发，基于连续介质假设推导两相体积平均控制方程组，并对方程进行空间滤波得到欧拉坐标下的空间平均连续方程与动量方程。基于 SPH 方法将含沙水流离散为一组自由运动且相互作用的粒子，将欧拉坐标下的两相控制方程改写为 SPH 粒子的运动方程及粒子携带的泥沙相体积浓度等物理量的控制方程。

4.2.1　体积平均方程组及其空间滤波

双流体模型假设水沙两相均为连续介质，任一相的局部瞬时质量与动量守恒方程均可以表示为：

$$\frac{\partial \rho_k}{\partial t}+\frac{\partial (\rho_k u_{kj})}{\partial x_j}=0 \qquad (4.12)$$

$$\frac{\partial (\rho_k u_{ki})}{\partial t}+\frac{\partial (\rho_k u_{ki} u_{kj})}{\partial x_j}=-\frac{\partial p_k}{\partial x_i}+\frac{\partial \tau_{kij}}{\partial x_j}+\rho_k g_i \qquad (4.13)$$

式中：下标 $k=f$、s，分别为水相与泥沙相；下标 i 与 j 为方向，且满足爱因斯坦求和约定；ρ_k 为密度；u_{ki} 为两相在 i 方向上的速度；p_k 为两相分压；τ_k 为黏性应力张量；g_i 为重力在 i 方向上的分量。

双流体模型认为水沙两相分别以一定的体积分数同时占据空间各点，不对微观上两相界面的具体形式进行描述，关注宏观足够小、微观足够大的微元控制体尺度上体积平均的物理量的时空变化特征。假定微元控制体 V 内水相体积为 V_f，相应的体积浓度分数为 $\alpha_f = V_f/V$；泥沙相体积为 V_s，体积浓度分数为 $\alpha_s = V_s/V$。对某一相的任一物理量 ϕ_k 在控制体内取体积平均，有：

$$\langle \phi_k \rangle = \frac{1}{V}\int_V \phi_k \mathrm{d}V \qquad (4.14)$$

控制体内物理量的相平均值可表示为：

$$\hat{\phi}_k = \frac{1}{V_k}\int_{V_k} \phi_k \mathrm{d}V \qquad (4.15)$$

则式 (4.14) 可以改写为：

$$\langle \phi_k \rangle = \frac{\alpha_k}{V_k} \int_{V_k} \phi_k \mathrm{d}V = \alpha_k \hat{\phi}_k \tag{4.16}$$

根据莱布尼兹公式及高斯定律，物理量的时间导数与空间导数体积平均值可由式 (4.17) 与式 (4.18) 得到 (Drew，1983；刘大有，1993；Enwald 等，1996)：

$$\left\langle \frac{\partial \phi_k}{\partial t} \right\rangle = \frac{\partial \langle \phi_k \rangle}{\partial t} - \frac{1}{V} \int_A \phi_k u_{Akj} n_{Akj} \mathrm{d}A \tag{4.17}$$

$$\left\langle \frac{\partial \phi_k}{\partial x_i} \right\rangle = \frac{\partial \langle \phi_k \rangle}{\partial x_i} + \frac{1}{V} \int_A \phi_k n_{Aki} \mathrm{d}A \tag{4.18}$$

式中：A 为水沙两相相界面；u_{Akj} 为相界面处 k 相沿 j 方向的速度；n_{Aki} 为相界面处由 k 相指向另一相的单位向量 $\boldsymbol{n}_{Ak}$ 在 i 方向上的分量。

对式 (4.12) 和式 (4.13) 进行体积平均，应用式 (4.16)～式 (4.18)，可得体积平均下的两相控制方程组式 (4.19) 与式 (4.20)：

$$\frac{\partial (\alpha_k \hat{\rho}_k)}{\partial t} + \frac{\partial (\alpha_k \hat{\rho}_k \hat{u}_{kj})}{\partial x_j} = \frac{1}{V} \int_A \rho_k (u_{Akj} - u_{kj}) n_{Akj} \mathrm{d}A \tag{4.19}$$

$$\frac{\partial (\alpha_k \hat{\rho}_k \hat{u}_{ki})}{\partial t} + \frac{\partial (\alpha_k \hat{\rho}_k \hat{u}_{ki} \hat{u}_{kj})}{\partial x_j} = -\frac{\partial (\alpha_k \hat{p}_k)}{\partial x_i} + \frac{\partial (\alpha_k \hat{\tau}_{kij})}{\partial x_j} + \alpha_k \hat{\rho}_k g_i +$$

$$\frac{1}{V} \int_A \rho_k u_{ki} (u_{Akj} - u_{kj}) n_{Akj} \mathrm{d}A -$$

$$\frac{1}{V} \int_A p_{Ak} n_{Aki} \mathrm{d}A + \frac{1}{V} \int_A \tau_{Akij} n_{Akj} \mathrm{d}A$$

$$\tag{4.20}$$

式 (4.19) 右端第一项与式 (4.20) 右端第四项分别为两相相变引起的控制体内 k 相的质量与动量变化。在本书模型中不考虑水沙两相的相变，故这两相均为零。

考虑两相分压，假设微元控制体内相界面处 k 相分压 p_k 为常数 $\hat{p}_k$，则式 (4.20) 右端第五项满足如下关系 (Drew 和 Segel，1971)：

$$-\frac{1}{V}\int_A p_{Ak} n_{Aki} \mathrm{d}A = \hat{p}_{Ak}(-\frac{1}{V}\int_A n_{Aki} \mathrm{d}A) = \hat{p}_{Ak}\frac{\partial \alpha_k}{\partial x_i} \quad (4.21)$$

不考虑相界面处表面张力作用，界面处两相分压相等，且不考虑泥沙相的相内压强，则有 $\hat{p}_{Af} = \hat{p}_{As} = \hat{p}_f$ 且 $\hat{p}_s = \hat{p}_f$。引入 F_{Aki} 表示相界面上作用在 k 相上的相间作用力，有：

$$F_{Aki} = \frac{1}{V}\int_A \tau_{Akij} n_{Akj} \mathrm{d}A \quad (4.22)$$

将式（4.21）与式（4.22）代入式（4.19）和式（4.20），省略各物理量的相平均值 $\hat{\phi}_k$ 上标 $\wedge$，整理得到式（4.23）与式（4.24）所示的体积平均下两相瞬时局部微分控制方程组：

$$\frac{\partial(\alpha_k \rho_k)}{\partial t} + \frac{\partial(\alpha_k \rho_k u_{kj})}{\partial x_j} = 0 \quad (4.23)$$

$$\frac{\partial(\alpha_k \rho_k u_{ki})}{\partial t} + \frac{\partial(\alpha_k \rho_k u_{ki} u_{kj})}{\partial x_j} = -\alpha_k \frac{\partial p_f}{\partial x_i} + \frac{\partial(\alpha_k \tau_{kij})}{\partial x_j} + \alpha_k \rho_k g_i + F_{Aki} \quad (4.24)$$

对方程组进行空间滤波，关注紊动含沙水流中水沙两相物理量的大尺度脉动。记物理变量 ϕ_k 滤波后的空间平均值为 $\hat{\phi}_k$。在空间滤波过程中，引入质量浓度加权的 Favre 平均，见式（4.25）：

$$\tilde{\phi}_k = \frac{\overline{\alpha_k \rho_k \phi_k}}{\overline{\alpha_k \rho_k}} \quad (4.25)$$

式中：$\tilde{\phi}_k$ 为物理量 ϕ_k（不包含两相密度）的 Favre 平均值。

将 ϕ_k 分解为滤波后的 Favre 平均值 $\tilde{\phi}_k$ 与小于滤波尺度的脉动量 $\Delta\phi_k$，即 $\phi_k = \tilde{\phi}_k + \Delta\phi_k$。考虑滤波函数满足式（4.26）的运算法则：

$$\begin{cases} \overline{\dfrac{\partial \phi_k}{\partial t}} = \dfrac{\partial \hat{\phi}_k}{\partial t} \\ \overline{\dfrac{\partial \phi_k}{\partial x_i}} = \dfrac{\partial \hat{\phi}_k}{\partial x_i} \end{cases} \quad (4.26)$$

对式（4.23）与式（4.24）进行滤波后，得到空间平均的两相控制方程组式（4.27）与式（4.28）：

$$\frac{\partial(\widehat{\alpha_k\rho_k})}{\partial t}+\frac{\partial(\widehat{\alpha_k\rho_k\tilde{u}_{kj}})}{\partial x_j}=0 \tag{4.27}$$

$$\frac{\partial(\widehat{\alpha_k\rho_k\tilde{u}_{ki}})}{\partial t}+\frac{\partial(\widehat{\alpha_k\rho_k\tilde{u}_{ki}\tilde{u}_{kj}})}{\partial x_j}=-\overline{\alpha_k\frac{\partial p_f}{\partial x_i}}+\frac{\partial(\widehat{\alpha_k\tau_{kij}})}{\partial x_j}+\widehat{\alpha_k\rho_k}g_i+$$

$$\widehat{F}_{Aki}+\frac{\partial[\widehat{\alpha_k\rho_k}(\widetilde{\tilde{u}_{ki}\tilde{u}_{kj}}-\widetilde{u_{ki}u_{kj}})]}{\partial x_j}$$

$$\tag{4.28}$$

不考虑相体积浓度与压强梯度小尺度脉动量的相关项，式（4.28）中右端第一项可简化为如下形式：

$$-\overline{\alpha_k\frac{\partial p_f}{\partial x_i}}=-\hat{\alpha}_k\frac{\partial\hat{p}_f}{\partial x_i} \tag{4.29}$$

另外，式（4.28）中右端第二项黏性应力相关项可写为式（4.30）的形式：

$$\frac{\partial\widehat{\alpha_k\tau_{kij}}}{\partial x_j}=\frac{\partial}{\partial x_j}\left(\widehat{\alpha_k\rho_k}\frac{\widetilde{\tau_{kij}}}{\rho_k}\right) \tag{4.30}$$

水相黏性应力由牛顿流体本构关系给出，泥沙相黏性应力采用Ahilan 和 Sleath（1987）公式计算，这两个关系可以统一表达成式（4.31）的形式：

$$\frac{\widetilde{\tau_{kij}}}{\rho_k}=\nu_k^0\left(\frac{\partial\tilde{u}_{ki}}{\partial x_j}+\frac{\partial\tilde{u}_{kj}}{\partial x_i}\right) \tag{4.31}$$

式中：下标 $k=f$、s，分别为水相与泥沙相，其中 ν_f^0 为水流运动黏性系数，取 $10^{-6}\,\mathrm{m^2/s}$；ν_s^0 为泥沙相运动黏性系数，根据泥沙体积浓度由式（4.32）给定：

$$\nu_s^0=\frac{1.2\lambda^2\nu_f^0\rho_f}{\rho_s} \tag{4.32}$$

$$\lambda=\left[\left(\frac{\alpha_{s_m}}{\hat{\alpha}_s}\right)^{1/3}-1\right]^{-1} \tag{4.33}$$

式中：α_{s_m} 为泥沙相的最大体积浓度。

式（4.28）右端第四项为相间作用力的空间滤波，本书模型考虑相间作用力中最为重要的拖曳力。微元控制体 V 内的泥沙受到的水流拖曳力可采用式（4.34）计算，而水相受到的相间作用力考虑牛顿第三定律，由式（4.35）给出：

$$F_{Asi} = \lambda_d \alpha_s \frac{3C_D \rho_f}{4d_p} |\boldsymbol{u}_f - \boldsymbol{u}_s|(u_{fi} - u_{si}) \tag{4.34}$$

$$F_{Afi} = -F_{Asi} \tag{4.35}$$

式中：λ_d 为泥沙浓度相关的修正系数，用来考虑泥沙颗粒间相互作用对拖曳力的影响；d_p 为泥沙粒径；C_D 为拖曳力系数。

对式（4.34）进行空间滤波并将其简化成式（4.36）的形式：

$$\widehat{F}_{Asi} = \gamma \widehat{\alpha_s (u_{fi} - u_{si})} \tag{4.36}$$

其中，引入的简化系数 γ 由空间滤波后的流场信息直接给出，见式（4.37）：

$$\gamma = \lambda_d \frac{3C_D \rho_f}{4d_p} |\tilde{\boldsymbol{u}}_f - \tilde{\boldsymbol{u}}_s| \tag{4.37}$$

拖曳力系数 C_D 采用 Schiller 和 Naumann（1935）的公式给出：

$$C_D = \begin{cases} \dfrac{24}{Re_s}(1.0 + 0.15 Re_s^{0.687}) & Re_s < 1000 \\ 0.44 & Re_s \geqslant 1000 \end{cases} \tag{4.38}$$

式中：Re_s 为泥沙颗粒雷诺数，满足 $Re_s = |\tilde{\boldsymbol{u}}_f - \tilde{\boldsymbol{u}}_s| d_p / \nu_f^0$。

根据 Richardson 和 Zaki（1954）与 Tsuo 和 Gidaspow（1990）的研究结果，考虑浓度影响的修正系数 λ_d 可由式（4.39）给定：

$$\lambda_d = \frac{1}{(1 - \hat{\alpha}_s)^{1.65}} \tag{4.39}$$

考虑泥沙的相密度在空间各点相等，有 $\widehat{\alpha_s u_{si}} = \hat{\alpha}_s \tilde{u}_{si}$。需要注意，在采用 Favre 质量浓度加权平均的条件下，$\widehat{\alpha_s u_{fi}} \neq \hat{\alpha}_s \tilde{u}_{fi}$。类似 Hsu 等（2003）中的推导，有：

$$\widehat{\alpha_s u_{fi}} = \hat{\alpha}_s \tilde{u}_{fi} + \left[1 + \frac{\hat{\alpha}_s}{\hat{\alpha}_f}\right] \overline{\Delta \alpha_s \Delta u_{fi}} \tag{4.40}$$

式中：$\Delta \alpha_s$ 与 Δu_{fi} 分别为泥沙相浓度与水相速度的小尺度脉动。

类比菲克定律，式（4.40）右端第二项与泥沙相空间平均浓度的梯度相关（McTigue，1981），可由式（4.41）进行模化：

$$\widetilde{\Delta \alpha_s \Delta u_{fi}} = -\frac{\nu_f^{SPS}}{Sc}\frac{\partial \hat{\alpha}_s}{\partial x_i} = -\varepsilon_s \frac{\partial \hat{\alpha}_s}{\partial x_i} \qquad (4.41)$$

式中：ε_s 为泥沙相小尺度紊动扩散系数；ν_f^{SPS} 为表征水相小尺度脉动强度的涡黏性系数，将由式（4.45）给出；Sc 为泥沙相的施密特数，通常取 0.5~1.0。

将式（4.40）与（4.41）代入式（4.34）得：

$$\widehat{F}_{Asi} = \gamma \hat{\alpha}_s (\widetilde{u}_{fi} - \widetilde{u}_{si}) - \gamma \frac{\varepsilon_s}{\hat{\alpha}_f}\frac{\partial \hat{\alpha}_s}{\partial x_i} \qquad (4.42)$$

需要说明的是，式（4.42）右端第二项虽然由拖曳力公式推导而得，但并不宜将其视为一种相间作用力。确切地说，该项为水沙两相小尺度脉动导致的动量交换，是对小尺度脉动效应的一种模化；由于采用了 Favre 浓度加权平均技术，该项才会出现在相间作用力项中。

式（4.28）右端第五项为空间滤波后由小尺度脉动产生的应力相关项。基于 SPH 方法的模型中，空间滤波尺度一般为 SPH 粒子的粒径（Shao 和 Gotoh，2005；Ren 等，2016），故由小尺度脉动产生的应力又常被称为亚粒子应力（Sub-particle scale stress），这里记为 τ_{kij}^{SPS}。τ_{kij}^{SPS} 满足式（4.43）的关系：

$$\frac{\widetilde{\tau_{kij}^{SPS}}}{\rho_k} = \widetilde{u}_{ki}\widetilde{u}_{kj} - \widetilde{u_{ki}u_{kj}} \qquad (4.43)$$

利用 Smagorinsky 模型给出亚粒子应力的计算公式（Gotoh 等，2004）：

$$\frac{\widetilde{\tau_{kij}^{SPS}}}{\rho_k} = \nu_k^{SPS}\left(\frac{\partial \widetilde{u}_{ki}}{\partial x_j} + \frac{\partial \widetilde{u}_{kj}}{\partial x_i}\right) \qquad (4.44)$$

式中：ν_k^{SPS} 为两相的涡黏性系数。

采用 Smagorinsky-Lilly 方法计算两相的涡黏性系数（Gotoh 和 Sakai，2006；Gómez-Gesteira 等，2010），见式（4.45）与式（4.46）。式（4.45）中，在计算水相涡黏性系数时，引入了一个泥沙浓度的修正函数考虑泥沙对水流紊动的影响，其中系数 $n = 5$。

$$\nu_f^{SPS} = (C_{S_1}\Delta)^2 |S|_f \left[1 - \frac{\hat{\alpha}_s}{\alpha_{s_m}}\right]^n \qquad (4.45)$$

$$\nu_s^{SPS} = (C_{S_2}\Delta)^2 |S|_s \left[1 - \frac{\hat{\alpha}_s}{\alpha_{s_m}}\right]^n \qquad (4.46)$$

式中：Δ 为空间滤波尺度，在 SPH 模型中取为 SPH 粒子的粒径。C_{S_1} 与 C_{S_2} 分别为水相与泥沙相的 Smagorinsky 系数，通常取 $0.1 \sim 0.2$ 之间的数值；本书中，假设水沙两相的 Smagorinsky 系数相等，即 $C_{S_1} = C_{S_2} = C_S$；$|S|_f$ 与 $|S|_s$ 分别为水相与泥沙相的变形率张量大小，由式（4.47）与式（4.48）计算：

$$|S|_k = \sqrt{2 S_{kij} S_{kij}} \qquad (4.47)$$

$$S_{kij} = \frac{1}{2}\left[\frac{\partial \widetilde{u}_{ki}}{\partial x_j} + \frac{\partial \widetilde{u}_{kj}}{\partial x_i}\right] \qquad (4.48)$$

至此，空间平均的两相控制方程组已经封闭。将上述各式代入式（4.28），整理得：

$$\frac{\partial(\widehat{\alpha_k \rho_k} \widetilde{u}_{ki})}{\partial t} + \frac{\partial(\widehat{\alpha_k \rho_k} \widetilde{u}_{ki} \widetilde{u}_{kj})}{\partial x_j} = -\hat{\alpha}_k \frac{\partial \hat{p}_f}{\partial x_i} + \widehat{\alpha_k \rho_k} g_i +$$

$$\frac{\partial}{\partial x_j}\left[\widehat{\alpha_k \rho_k}\left(\frac{\widetilde{\tau_{kij}}}{\rho_k} + \frac{\widetilde{\tau_{kij}^{SPS}}}{\rho_k}\right)\right] +$$

$$(-1)^{\delta_{fk}} \gamma \hat{\alpha}_s (\widetilde{u}_{fi} - \widetilde{u}_{si}) -$$

$$(-1)^{\delta_{fk}} \gamma \frac{\varepsilon_s}{\hat{\alpha}_f} \frac{\partial \hat{\alpha}_s}{\partial x_i}$$

$$(4.49)$$

其中，在考虑水相时，$k = f$，$\delta_{fk} = 1$；考虑泥沙相时，$k = s$，$\delta_{fk} = 0$。为方便表达，引入标记 $\widetilde{\tau}_{kij}^*$ 表示两相运动黏性与涡黏性应力与密度比值的和，即：

$$\widetilde{\tau}_{kij}^* = \frac{\widetilde{\tau_{kij}}}{\rho_k} + \frac{\widetilde{\tau_{kij}^{SPS}}}{\rho_k} = (\nu_k^0 + \nu_k^{SPS})\left(\frac{\partial \widetilde{u}_{ki}}{\partial x_j} + \frac{\partial \widetilde{u}_{kj}}{\partial x_i}\right) \qquad (4.50)$$

将式（4.50）代入式（4.49），整理式（4.27）及式（4.49），省略所有物理量上方表示空间平均与 Favre 平均的标记，得到欧拉坐标下两相空间平均的控制方程组：

$$\frac{\partial(\alpha_k\rho_k)}{\partial t}+\frac{\partial(\alpha_k\rho_k u_{kj})}{\partial x_j}=0 \quad (4.51)$$

$$\frac{\partial(\alpha_k\rho_k u_{ki})}{\partial t}+\frac{\partial(\alpha_k\rho_k u_{ki} u_{kj})}{\partial x_j}=-\alpha_k\frac{\partial p_f}{\partial x_i}+\frac{\partial(\alpha_k\rho_k \tau^*_{kij})}{\partial x_j}+$$

$$(-1)^{\delta_{fk}}\gamma\alpha_s(u_{fi}-u_{si})-$$

$$(-1)^{\delta_{fk}}\gamma\frac{\varepsilon_s}{\alpha_f}\frac{\partial\alpha_s}{\partial x_i}+\alpha_k\rho_k g_i$$

$$(4.52)$$

4.2.2 基于 SPH 方法的控制方程

将含沙水流离散为一组相互作用、可自由运动的 SPH 粒子，粒子携带一定质量的水沙混合物以水相速度运动。考虑水流弱可压缩假设，水相密度可变。运动过程中，SPH 粒子包含的水相质量保持不变，粒子间无水相质量通量。由于水沙两相间存在相对运动，粒子间存在泥沙相质量通量。粒子体积随压强和泥沙浓度的变化而变化。

本书构建的双流体模型适用于相互掺混的两相流体系。模型仅采用单组 SPH 粒子描述水沙两相，每个粒子同时携带水沙两相的速度、密度及浓度等物理信息。已有的 SPH 双流体模型（Monaghan 和 Kocharyan，1995）通常采用两组 SPH 粒子分别离散两种流体，每组粒子仅携带其对应相的物理信息，通过特殊的数值处理实现两组粒子间信息的传递以考虑两相相间作用，搜索粒子影响域时需同时遍历两组粒子，计算量相当可观。本模型与之相比，在大大减小计算量的同时，还避免了两相物理信息在粒子间传递过程中的失真。

将欧拉坐标下的两相连续方程与动量方程改写为 SPH 粒子的运动方程及粒子携带的泥沙相浓度等物理量的控制方程。考虑 SPH 粒子以水相速度运动，其携带的物理量 ϕ_k 随时间变化的全导数与欧拉坐标下的时间和空间导数满足式（4.53）所示的关系：

$$\frac{\mathrm{d}\phi_k}{\mathrm{d}t} = \frac{\partial \phi_k}{\partial t} + u_{fj}\frac{\partial \phi_k}{\partial x_j} \tag{4.53}$$

SPH 粒子空间位置 $\boldsymbol{X}_p$ 的变化由式（4.54）计算：

$$\frac{\mathrm{d}X_{pi}}{\mathrm{d}t} = u_{fi} \tag{4.54}$$

由式（4.51）与式（4.52）给出其运动方程：

$$\frac{\mathrm{d}u_{fi}}{\mathrm{d}t} = -\frac{1}{\rho_{f_0}}\frac{\partial p_f}{\partial x_i} + \frac{1}{\alpha_f \rho_f}\frac{\partial(\alpha_f \rho_f \tau_{fij}^*)}{\partial x_j} + g_i - \frac{\gamma \alpha_s}{\alpha_f \rho_f}(u_{fi} - u_{si}) + \frac{\gamma}{\alpha_f \rho_f}\frac{\varepsilon_s}{\alpha_f}\frac{\partial \alpha_s}{\partial x_i} \tag{4.55}$$

其中，$\rho_{f_0} = 1000 \mathrm{kg/m}^3$。

假设粒子 a 的体积为 V_a，其包含的水相质量为 m_{fa}，在粒子运动过程中其包含的水相质量保持不变，则有：

$$\frac{\mathrm{d}m_{fa}}{\mathrm{d}t} = \frac{\mathrm{d}(\alpha_f \rho_f V_a)}{\mathrm{d}t} = 0 \tag{4.56}$$

考虑水流为弱可压缩流体，其密度 ρ_f 随着压强的变化而变化。将粒子所包含的水相质量浓度 $\alpha_f \rho_f$ 作为一个整体进行考虑，由式（4.51）得到 $\alpha_f \rho_f$ 随时间变化的控制方程：

$$\frac{\mathrm{d}(\alpha_f \rho_f)}{\mathrm{d}t} = -(\alpha_f \rho_f)\frac{\partial u_{fj}}{\partial x_j} \tag{4.57}$$

当粒子以水相速度运动时，水相速度的散度表征了 SPH 粒子的单位体积变化率，即：

$$\frac{1}{V_a}\frac{\mathrm{d}V_a}{\mathrm{d}t} = \frac{\partial u_{fj}}{\partial x_j} \tag{4.58}$$

则式（4.57）的右端项表示粒子包含的水相质量浓度随粒子体积的扩张或压缩产生的变化。

由于水沙两相存在相对运动，粒子间存在泥沙质量通量，粒子包含的泥沙相的质量随其运动发生变化。考虑泥沙相的密度 ρ_s 在空间各点均相等，由式（4.51）可以给出粒子携带的泥沙体积浓度

第4章 基于SPH方法的双流体模型

随时间变化的控制方程：

$$\frac{\mathrm{d}\alpha_s}{\mathrm{d}t} = -\frac{\partial(\alpha_s u_{sj})}{\partial x_j} + u_{fj}\frac{\partial \alpha_s}{\partial x_j} \qquad (4.59)$$

考虑粒子内泥沙相体积浓度的影响因素，对式（4.59）的右端项进行改写，得到式（4.60）：

$$\frac{\mathrm{d}\alpha_s}{\mathrm{d}t} = -\alpha_s \frac{\partial u_{fj}}{\partial x_j} - \frac{\partial[\alpha_s(u_{sj}-u_{fj})]}{\partial x_j} \qquad (4.60)$$

式（4.60）右端第一项为体积浓度随粒子体积的扩张与压缩产生的变化，右端第二项为粒子间的泥沙质量通量。

类似地，泥沙相速度也作为粒子携带的一种物理量进行处理。式（4.52）中取 $k=s$，并利用泥沙相连续方程简化等式左侧，有：

$$\frac{\partial(\alpha_s \rho_s u_{si})}{\partial t} + \frac{\partial(\alpha_s \rho_s u_{si} u_{sj})}{\partial x_j} = \alpha_s \rho_s \frac{\partial u_{si}}{\partial t} + \alpha_s \rho_s u_{sj}\frac{\partial u_{si}}{\partial x_j}$$

$$= \alpha_s \rho_s \frac{\mathrm{d}u_{si}}{\mathrm{d}t} + \alpha_s \rho_s (u_{sj}-u_{fj})\frac{\partial u_{si}}{\partial x_j}$$

$$= \alpha_s \rho_s \frac{\mathrm{d}u_{si}}{\mathrm{d}t} + \alpha_s \rho_s \left\{\frac{\partial[u_{si}(u_{sj}-u_{fj})]}{\partial x_j} - u_{si}\frac{\partial(u_{sj}-u_{fj})}{\partial x_j}\right\}$$

$$(4.61)$$

式（4.52）等号两侧同时除以 $\alpha_s \rho_s$，作简单的变形后，得到式（4.62）：

$$\frac{\mathrm{d}u_{si}}{\mathrm{d}t} = -\frac{\partial[u_{si}(u_{sj}-u_{fj})]}{\partial x_j} + u_{si}\frac{\partial(u_{sj}-u_{fj})}{\partial x_j} - \frac{1}{\rho_s}\frac{\partial p_f}{\partial x_i} + g_i +$$

$$\frac{\partial(\tau_{sij}^*)}{\partial x_j} + \frac{\tau_{sij}^*}{\alpha_s}\frac{\partial \alpha_s}{\partial x_j} + \frac{\gamma}{\rho_s}(u_{fi}-u_{si}) - \frac{\gamma}{\alpha_s \rho_s}\frac{\varepsilon_s}{\alpha_f}\frac{\partial \alpha_s}{\partial x_i}$$

$$(4.62)$$

式（4.62）中等号右端前两项分别为粒子间泥沙相动量通量与质量通量导致的泥沙相速度变化。黏性应力相关项被拆分为浓度无关项与浓度梯度相关项。可以注意到，式（4.62）等号右侧除了第六项与第八项外，其余各项均与泥沙浓度无关。在浓度梯度较大的问题中，如直接对第六项与第八项中的浓度梯度进行SPH离散，计算误差较大且易造成数值不稳定。为提高模型在大浓度梯度问题中的稳定性，利用浓度的对数改写式（4.62），得：

$$\frac{\mathrm{d}u_{si}}{\mathrm{d}t} = -\frac{\partial[u_{si}(u_{sj}-u_{fj})]}{\partial x_j} + u_{si}\frac{\partial(u_{sj}-u_{fj})}{\partial x_j} - \frac{1}{\rho_s}\frac{\partial p_f}{\partial x_i} + g_i +$$

$$\frac{\partial(\tau_{sij}^*)}{\partial x_j} + \tau_{sij}^*\frac{\partial \ln\alpha_s}{\partial x_j} + \frac{\gamma}{\rho_s}(u_{fi}-u_{si}) - \frac{\gamma}{\rho_s}\frac{\varepsilon_s}{\alpha_f}\frac{\partial \ln\alpha_s}{\partial x_i}$$

(4.63)

类似地，SPH 粒子的运动方程中式（4.55）中等号右端第五项也需要改写成浓度对数的导数形式。

至此，双流体模型欧拉坐标下的控制方程已全部改写为 SPH 粒子的运动方程及其携带的水相质量浓度、泥沙体积浓度以及泥沙相速度的控制方程。将方程汇总，得到基于 SPH 方法的双流体模型控制方程组：

$$\frac{\mathrm{d}X_{pi}}{\mathrm{d}t} = u_{fi} \tag{4.64}$$

$$\frac{\mathrm{d}u_{fi}}{\mathrm{d}t} = -\frac{1}{\rho_{f_0}}\frac{\partial p_f}{\partial x_i} + \frac{1}{\alpha_f\rho_f}\frac{\partial(\alpha_f\rho_f\tau_{fij}^*)}{\partial x_j} + g_i -$$

$$\frac{\gamma\alpha_s}{\alpha_f\rho_f}(u_{fi}-u_{si}) + \frac{\gamma\alpha_s}{\alpha_f\rho_f}\frac{\varepsilon_s}{\alpha_f}\frac{\partial \ln\alpha_s}{\partial x_i} \tag{4.65}$$

$$\frac{\mathrm{d}(\alpha_f\rho_f)}{\mathrm{d}t} = -(\alpha_f\rho_f)\frac{\partial u_{fj}}{\partial x_j} \tag{4.66}$$

$$\frac{\mathrm{d}\alpha_s}{\mathrm{d}t} = -\alpha_s\frac{\partial u_{fj}}{\partial x_j} - \frac{\partial[\alpha_s(u_{sj}-u_{fj})]}{\partial x_j} \tag{4.67}$$

$$\frac{\mathrm{d}u_{si}}{\mathrm{d}t} = -\frac{\partial[u_{si}(u_{sj}-u_{fj})]}{\partial x_j} + u_{si}\frac{\partial(u_{sj}-u_{fj})}{\partial x_j} - \frac{1}{\rho_s}\frac{\partial p_f}{\partial x_i} + g_i +$$

$$\frac{\partial(\tau_{sij}^*)}{\partial x_j} + \tau_{sij}^*\frac{\partial \ln\alpha_s}{\partial x_j} + \frac{\gamma}{\rho_s}(u_{fi}-u_{si}) - \frac{\gamma}{\rho_s}\frac{\varepsilon_s}{\alpha_f}\frac{\partial \ln\alpha_s}{\partial x_i}$$

(4.68)

4.2.3 水沙混合物状态方程

本模型假设水为弱可压缩流体，水相密度 ρ_f 随压强变化而变化。这一假设下，控制方程组式（4.64）～式（4.68）并不封闭，物理变量的个数多于方程数目，需要另外再给出封闭条件。很多单相流问题的研究中利用水流的状态方程给出水相密度与压强的关系以封闭模型（Monaghan 等，1999；Becker 和 Teschner，2007），见式（4.69）：

$$p_f = \frac{c_0^2 \rho_{f_0}}{\gamma'} \left[\left(\frac{\rho_f}{\rho_{f_0}} \right)^{\gamma'} - 1 \right] \quad (4.69)$$

式中：ρ_{f_0} 为弱可压缩水流在没有压强情况下的密度，取 $\rho_{f_0} = 1000 \text{kg/m}^3$；$c_0$ 为水流在密度为 ρ_{f_0} 时的声速；γ' 为系数，$\gamma' = 7$。

这一模型并不能直接应用于两相流问题。

假设含沙水流为弱可压缩流体，其压强与体积的关系仍然满足 Macdonald-Tait 方程（Macdonald，1966）：

$$\frac{V}{V_0} = \left[1 + \frac{\gamma'}{K_{m_0}} p \right]^{-1/\gamma'} \quad (4.70)$$

整理方程，得水沙混合物的压强满足式（4.71）的关系：

$$p_f = \frac{K_{m_0}}{\gamma'} \left[\left(\frac{V_0}{V} \right)^{\gamma'} - 1 \right] = \frac{K_{m_0}}{\gamma'} \left[\left(\frac{\rho_m}{\rho_{m_0}} \right)^{\gamma'} - 1 \right] \quad (4.71)$$

式中：V 为水沙混合物的单元控制体；ρ_m 为控制体内两相混合物的密度，有 $\rho_m = \alpha_f \rho_f + \alpha_s \rho_s$；$V_0$ 为压强为零时单元控制体的体积；ρ_{m_0} 为对应状态下的混合物密度；K_{m_0} 为压强为零时混合物的压缩模量。γ' 为系数，$\gamma' = 7$。

单元控制体在压强 p_f 作用下的压缩过程中，水相质量与泥沙相的质量均保持不变。压强 p_f 作用下，控制体内水相与泥沙相的体积浓度分别为 α_f 和 α_s，对应无压强状态下两相体积浓度分别为 α_{f_0} 和 α_{s_0}。根据两相质量在压缩过程中守恒，有：

$$\alpha_{f_0} = \frac{\alpha_f \rho_f}{\alpha_s \rho_{f_0} + \alpha_f \rho_f} \quad (4.72)$$

$$(\alpha_f \rho_f)_0 = \frac{\alpha_f \rho_f}{\alpha_s \rho_{f_0} + \alpha_f \rho_f} \rho_{f_0} \quad (4.73)$$

$$\alpha_{s_0} = \frac{\alpha_s \rho_{f_0}}{\alpha_s \rho_{f_0} + \alpha_f \rho_f} \quad (4.74)$$

$$\rho_{m_0} = (\alpha_f \rho_f)_0 + \alpha_{s_0} \rho_s = \frac{\rho_m \rho_{f_0}}{\alpha_f \rho_f + \alpha_s \rho_{f_0}} \quad (4.75)$$

Nafe 和 Drake（1957）指出，水沙混合物的压缩模量随泥沙浓度增大而增大，满足 $K_{m_0} = K_{f_0} f(\alpha_{s_0})$ 的关系，其中 $K_{f_0} = \rho_{f_0} c_0^2$ 为水相在无压强状态下的压缩模量。假设泥沙相不可压，取：

$$K_{m_0} = \frac{K_{f_0}}{1 - \alpha_{s_0}} \quad (4.76)$$

将式（4.72）～式（4.76）代入压强计算公式（4.71），便可以得到适用于水沙两相混合物的状态方程：

$$p_f = \frac{\rho_{f_0} c_0^2}{\gamma'} \frac{\alpha_f \rho_f + \alpha_s \rho_{f_0}}{\alpha_f \rho_f} \left[\left(\frac{\alpha_f \rho_f + \alpha_s \rho_{f_0}}{\rho_{f_0}} \right)^{\gamma'} - 1 \right] \quad (4.77)$$

相应地，混合物中声速满足式（4.78）中的关系：

$$c_s = \sqrt{\frac{\mathrm{d}p}{\mathrm{d}\rho_m}} = c_0 \frac{\alpha_f \rho_f + \alpha_s \rho_{f_0}}{\sqrt{(\alpha_f \rho_f)(\alpha_f \rho_f + \alpha_s \rho_s)}} \left[\frac{\alpha_f \rho_f + \alpha_s \rho_{f_0}}{\rho_{f_0}} \right]^{(\gamma'-1)/2}$$

$$(4.78)$$

与单相流一样，一般情况下要求 c_0 大于 10 倍最大流速。

4.3 方程的离散与求解

4.3.1 基于 SPH 方法的方程离散

SPH 方法下，将含沙水流划分为一系列自由运动且相互作用的粒子，粒子以水相速度运动，且同时携带水沙两相的物理性质，其运动方程及携带的水相质量浓度、泥沙相体积浓度及泥沙相速度的控制方程见式（4.64）～式（4.68）。SPH 方法下对方程的离散实质上是利用粒子携带的物理信息近似求解控制方程。

对控制方程的 SPH 方法离散要点与难点在于对空间微分项的

处理。式（4.8）～式（4.10）所示对一阶与二阶导数的近似方法是目前应用最为广泛的离散格式。已有的研究中，不论是单相流还是多相流问题，式（4.8）与式（4.9）中的权函数 $\phi(\boldsymbol{x})$ 大多选择为流体相的密度（Cleary，1998；Khayyer 等，2008；Robinson 和 Monaghan，2012），由此得到连续方程中流速散度与运动方程中压强梯度的常见离散格式：

$$[\nabla \cdot \boldsymbol{u}_f]_a = \frac{1}{\rho_a} \sum_b m_b [(\boldsymbol{u}_f)_b - (\boldsymbol{u}_f)_a] \nabla_a W_{ab} \quad (4.79)$$

$$[\nabla p]_a = \rho_a \sum_b m_b \left(\frac{p_a}{\rho_a^2} + \frac{p_b}{\rho_b^2} \right) \nabla_a W_{ab} \quad (4.80)$$

式中：下标 a 与 b 分别为粒子 a 与 b 相应的物理量；m_b 为粒子 b 携带的流体质量，在粒子运动过程中保持不变。

这类离散格式不需要计算 b 粒子的体积，而是采用粒子运动过程中保持不变的质量 m_b。这种处理，一方面减少一次计算且有利于程序编写；另一方面有利于抑制粒子体积变化可能带来的数值波动，在基于 SPH 方法的模型中得到了广泛的应用，尤其是在单相流问题中。然而，在密度梯度较大的物理问题中，密度不可导、不能作为权函数，该离散格式数值误差较大（Adami 等，2012）。考虑到含沙水流中有可能存在泥沙浓度梯度很大的情况，本书模型控制方程的离散中将全部采用权函数等于 1 的格式，见式（4.81）与式（4.82）：

$$[\nabla \cdot \boldsymbol{u}_f]_a = \sum_b \frac{m_b}{\rho_b} [(\boldsymbol{u}_f)_b - (\boldsymbol{u}_f)_a] \nabla_a W_{ab} \quad (4.81)$$

$$[\nabla p]_a = \sum_b \frac{m_b}{\rho_b} (p_a + p_b) \nabla_a W_{ab} \quad (4.82)$$

记粒子 b 携带的水相质量为 $(m_f)_b$、水相质量浓度为 $(\alpha_f \rho_f)_b$，粒子体积 V_b 由式（4.83）计算：

$$V_b = \frac{(m_f)_b}{(\alpha_f \rho_f)_b} \quad (4.83)$$

类似地，也可以得到粒子 a 的体积 V_a。粒子运动过程中，水相质量 $(m_f)_b$ 保持不变，水相质量浓度 $(\alpha_f \rho_f)_b$ 随着压强及泥沙相体积浓度的变化而变化，相应地，体积 V_b 也发生变化。方程离散中其他量的物理意义如前文所述，下标 a 与 b 分别表示粒子 a 与 b 携带的值。核函数梯度 $\nabla_a W_{ab}$ 满足式（4.84）所示关系：

$$\nabla_a W_{ab} = \frac{\partial W}{\partial r} \frac{\boldsymbol{r}_{ab}}{|\boldsymbol{r}_{ab}|} \tag{4.84}$$

其中，$\boldsymbol{r}_{ab} = \boldsymbol{X}_a - \boldsymbol{X}_b$；记 $\nabla_a W_{ab}^i$ 表示梯度 $\nabla_a W_{ab}$ 在 i 方向上的分量。

根据控制方程中各项的物理意义与具体形式对其进行分类离散。首先考虑水相速度散度的相关项，其表征粒子体积变化对物理量大小的影响。类比式（4.81）离散式（4.66）等号右端项与式（4.67）等号右端第一项，得：

$$\left[-(\alpha_f \rho_f) \frac{\partial u_{fj}}{\partial x_j} \right]_a = (\alpha_f \rho_f)_a \sum_b \left[(u_{fj})_a - (u_{fj})_b \right] \nabla_a W_{ab}^j V_b \tag{4.85}$$

$$\left[-\alpha_s \frac{\partial u_{fj}}{\partial x_j} \right]_a = (\alpha_s)_a \sum_b \left[(u_{fj})_a - (u_{fj})_b \right] \nabla_a W_{ab}^j V_b \tag{4.86}$$

粒子运动方程及泥沙相速度控制方程中的压强梯度项由式（4.82）所示格式进行离散，有：

$$\left[-\frac{1}{\rho_{f_0}} \frac{\partial p_f}{\partial x_i} \right]_a = -\frac{1}{\rho_{f_0}} \sum_b \left[(p_f)_a + (p_f)_b \right] \nabla_a W_{ab}^i V_b \tag{4.87}$$

$$\left[-\frac{1}{\rho_s} \frac{\partial p_f}{\partial x_i} \right]_a = -\frac{1}{\rho_s} \sum_b \left[(p_f)_a + (p_f)_b \right] \nabla_a W_{ab}^i V_b \tag{4.88}$$

采用统一的格式离散运动黏性应力与涡黏性应力，将两者耦合在 τ_{kij}^*，同时进行计算。需要注意，两相黏性应力相关项的离散格式并不相同，式（4.65）右端第二项与式（4.68）右端第五项均采用式（4.82）所示的格式进行离散；式（4.68）右端第六项采用 Ren 等（2014）给出的格式离散，见式（4.91）：

$$\left[\frac{1}{\alpha_f \rho_f} \frac{\partial (\alpha_f \rho_f \tau_{fij}^*)}{\partial x_j} \right]_a = \frac{1}{(\alpha_f \rho_f)_a} \sum_b \left[(\alpha_f \rho_f)_a (\tau_{fij}^*)_a + (\alpha_f \rho_f)_b (\tau_{fij}^*)_b \right] \nabla_a W_{ab}^j V_b$$

$$\tag{4.89}$$

$$\left[\frac{\partial (\tau^*_{sij})}{\partial x_j}\right]_a = \sum_b \left[(\tau^*_{sij})_a + (\tau^*_{sij})_b\right] \nabla_a W^j_{ab} V_b \quad (4.90)$$

$$\left[\tau^*_{sij} \frac{\partial \ln \alpha_s}{\partial x_j}\right]_a = \sum_b \frac{\left[(\tau^*_{sij})_a + (\tau^*_{sij})_b\right]}{2} \ln \frac{(\alpha_s)_b}{(\alpha_s)_a} \nabla_a W^j_{ab} V_b$$

$$(4.91)$$

其中，τ^*_{kij} 由式（4.50）计算，其中速度梯度项可类比式（4.85）离散求解。

考虑粒子间泥沙相的质量通量与动量通量项的离散。目前，已有的大部分 SPH 模型中，单个 SPH 粒子仅携带某一单相流体的物理信息，流体相的运动速度与粒子速度始终一致，粒子间不存在质量交换。因此，离散粒子间通量相关项的格式比较少见。Zou（2007）在考虑泥沙垂向沉降时类比传统网格数值方法中的迎风格式离散粒子间泥沙质量通量项；Kristof 等（2009）构造了一类称为 Donor - Acceptor 的迎风离散格式，考虑粒子间对流速度方向的不确定性。Zou（2007）的离散格式只能用于质量力作用下产生的对流，而 Kristof 等（2009）在通量大小的计算上存在问题且不能保证物质守恒。这里改写 Kristof 等（2009）的对流格式，假设物理量 ϕ 相对 SPH 粒子的速度为 $\boldsymbol{u}_\phi$，粒子间通量作用产生的 ϕ 的增量由 $-\nabla \cdot (\phi \boldsymbol{u}_\phi)$ 给出，考虑对流的方向性，$-\nabla \cdot (\phi \boldsymbol{u}_\phi)$ 的 SPH 离散格式见式（4.92）：

$$[-\nabla \cdot (\phi \boldsymbol{u}_\phi)]_a = -\sum_b V_b \{\max[(\boldsymbol{u}_\phi)_a \cdot \nabla_a W_{ab}, 0]\phi_a + \min[(\boldsymbol{u}_\phi)_b \cdot \nabla_a W_{ab}, 0]\phi_b\}$$

$$(4.92)$$

此格式考虑了对流的方向性，同时满足物质守恒条件。利用该格式离散式（4.67）右端第二项与式（4.68）右端前两项：

$$\left[-\frac{\partial [\alpha_s (u_{sj} - u_{fj})]}{\partial x_j}\right]_a = -\sum_b V_b \{\max[(u_{sj} - u_{fj})_a \nabla_a W^j_{ab}, 0](\alpha_s)_a + \min[(u_{sj} - u_{fj})_b \nabla_a W^j_{ab}, 0](\alpha_s)_b\}$$

$$(4.93)$$

$$\left[-\frac{\partial [u_{si}(u_{sj}-u_{fj})]}{\partial x_j}+u_{si}\frac{\partial (u_{sj}-u_{fj})}{\partial x_j}\right]_a$$
$$=\sum_b \min[(u_{sj}-u_{fj})_b \nabla_a W_{ab}^j,\ 0][(u_{si})_a-(u_{si})_b]V_b$$
(4.94)

式（4.65）与式（4.68）中，两相小尺度脉动产生的动量交换项由式（4.81）类似的格式进行离散：

$$\left[\frac{\gamma \alpha_s}{\alpha_f \rho_f}\frac{\varepsilon_s}{\alpha_f}\frac{\partial \ln\alpha_s}{\partial x_i}\right]_a=\frac{\gamma_a (\alpha_s)_a}{(\alpha_f \rho_f)_a}\frac{(\varepsilon_s)_a}{(\alpha_f)_a}\sum_b \ln\frac{(\alpha_s)_b}{(\alpha_s)_a}\nabla_a W_{ab}^i V_b$$
(4.95)

$$\left[-\frac{\gamma}{\rho_s}\frac{\varepsilon_s}{\alpha_f}\frac{\partial \ln\alpha_s}{\partial x_i}\right]_a=-\frac{\gamma_a}{\rho_s}\frac{(\varepsilon_s)_a}{(\alpha_f)_a}\sum_b \ln\frac{(\alpha_s)_b}{(\alpha_s)_a}\nabla_a W_{ab}^i V_b$$
(4.96)

整理汇总各式，并由粒子 a 的信息直接计算拖曳力。同时，加入状态方程计算压强，得式（4.97）~式（4.102）中离散形式的控制方程组：

$$\frac{\mathrm{d}(X_{pi})_a}{\mathrm{d}t}=(u_{fi})_a$$
(4.97)

$$\frac{\mathrm{d}(u_{fi})_a}{\mathrm{d}t}=-\frac{1}{\rho_{f_0}}\sum_b [(p_f)_a+(p_f)_b]\nabla_a W_{ab}^i V_b+g_i+$$

$$\frac{1}{(\alpha_f \rho_f)_a}\sum_b [(\alpha_f \rho_f)_a (\tau_{fij}^*)_a+(\alpha_f \rho_f)_b (\tau_{fij}^*)_b]\nabla_a W_{ab}^j V_b-$$

$$\frac{\gamma_a (\alpha_s)_a}{(\alpha_f \rho_f)_a}[(u_{fi})_a-(u_{si})_a]+$$

$$\frac{\gamma_a (\alpha_s)_a}{(\alpha_f \rho_f)_a}\frac{(\varepsilon_s)_a}{(\alpha_f)_a}\sum_b \ln\frac{(\alpha_s)_b}{(\alpha_s)_a}\nabla_a W_{ab}^i V_b$$
(4.98)

$$\frac{\mathrm{d}(\alpha_f \rho_f)_a}{\mathrm{d}t}=(\alpha_f \rho_f)_a \sum_b [(u_{fj})_a-(u_{fj})_b]\nabla_a W_{ab}^j V_b$$
(4.99)

$$\frac{\mathrm{d}(\alpha_s)_a}{\mathrm{d}t} = (\alpha_s)_a \sum_b [(u_{fj})_a - (u_{fj})_b] \nabla_a W_{ab}^j V_b - $$
$$\sum_b V_b \{ \max[(u_{sj} - u_{fj})_a \nabla_a W_{ab}^j, 0](\alpha_s)_a + $$
$$\min[(u_{sj} - u_{fj})_b \nabla_a W_{ab}^j, 0](\alpha_s)_b \}$$

(4.100)

$$\frac{\mathrm{d}(u_{si})_a}{\mathrm{d}t} = \sum_b \min[(u_{sj} - u_{fj})_b \nabla_a W_{ab}^j, 0][(u_{si})_a - (u_{si})_b] V_b - $$
$$\frac{1}{\rho_s} \sum_b [(p_f)_a + (p_f)_b] \nabla_a W_{ab}^i V_b + g_i + \frac{\gamma_a}{\rho_s} [(u_{fi})_a - $$
$$(u_{si})_a] + \sum_b [(\tau_{sij}^*)_a + (\tau_{sij}^*)_b] \left[1 + \frac{1}{2} \ln \frac{(\alpha_s)_b}{(\alpha_s)_a}\right] \nabla_a W_{ab}^j V_b - $$
$$\frac{\gamma_a}{\rho_s} \frac{(\varepsilon_s)_a}{(\alpha_f)_a} \sum_b \ln \frac{(\alpha_s)_b}{(\alpha_s)_a} \nabla_a W_{ab}^i V_b$$

(4.101)

$$(p_f)_a = \frac{\rho_{f_0} c_0^2}{\gamma'} \frac{(\alpha_f \rho_f)_a + (\alpha_s)_a \rho_{f_0}}{(\alpha_f \rho_f)_a} \left\{ \left[\frac{(\alpha_f \rho_f)_a + (\alpha_s)_a \rho_{f_0}}{\rho_{f_0}} \right]^{\gamma'} - 1 \right\}$$

(4.102)

4.3.2 方程的求解

求解 SPH 模型控制方程组的时间步进算法有预测校正法（Monaghan，1989）、Verlet 算法（Verlet，1967）、辛格式（Monaghan，2005）、Beeman 格式（Beeman，1976）等。本模型采用预测校正法（predictor-corrector scheme）求解离散后的常微分控制方程组。预测校正法为一类显格式方法，其概念简单，预测步与校正步算法一致，方便编程实现。其基本思路为：由第 n 计算步的粒子信息根据控制方程预估中间第 $n+1/2$ 计算步粒子的信息；利用估计的第 $n+1/2$ 步粒子信息，重新计算 $\Delta t/2$ 时间内颗粒的平均速度与平均加速度等信息；由更新的平均加速度和平均速度信息校正中间第 $n+1/2$ 步的计算结果；最后由已有的第 n 步与校正后的第

$n+1/2$ 步的结果计算第 $n+1$ 步粒子的信息。

将粒子控制方程组简化为如下形式的三个常微分方程,其中式(4.103)为粒子 a 的轨迹方程,式(4.104)为粒子的运动方程,式(4.105)为粒子携带的物理量 ϕ_a 的控制方程,ϕ_a 可表示水相质量浓度、泥沙相体积浓度及泥沙相速度的各向分量。$\boldsymbol{X}_a$ 为粒子 a 的空间位置,$\boldsymbol{u}_a$ 为 a 的运动速度,$\boldsymbol{F}_a$ 为粒子的加速度,I_a 为 a 携带的物理量 ϕ 的变化率。

$$\frac{\mathrm{d}\boldsymbol{X}_a}{\mathrm{d}t} = \boldsymbol{u}_a \tag{4.103}$$

$$\frac{\mathrm{d}\boldsymbol{u}_a}{\mathrm{d}t} = \boldsymbol{F}_a \tag{4.104}$$

$$\frac{\mathrm{d}\phi_a}{\mathrm{d}t} = I_a \tag{4.105}$$

由第 n 步粒子的信息 $\boldsymbol{X}_a^n$、$\boldsymbol{u}_a^n$、ϕ^n 估计第 $n+1/2$ 步粒子的位置、速度及相关物理量:

$$\boldsymbol{X}_a^{n+1/2} = \boldsymbol{X}_a^n + \frac{\Delta t}{2}\boldsymbol{u}_a^n \tag{4.106}$$

$$\boldsymbol{u}_a^{n+1/2} = \boldsymbol{u}_a^n + \frac{\Delta t}{2}\boldsymbol{F}_a^n \tag{4.107}$$

$$\phi_a^{n+1/2} = \phi_a^n + \frac{\Delta t}{2}I_a^n \tag{4.108}$$

根据预估得到的 $\boldsymbol{X}_a^{n+1/2}$、$\boldsymbol{u}_a^{n+1/2}$、$\phi_a^{n+1/2}$ 值求得 $\boldsymbol{F}_a^{n+1/2}$ 与 $I_a^{n+1/2}$,校正第 $n+1/2$ 步粒子的信息:

$$\boldsymbol{u'}_a^{n+1/2} = \boldsymbol{u}_a^n + \frac{\Delta t}{2}\boldsymbol{F}_a^{n+1/2} \tag{4.109}$$

$$\boldsymbol{X'}_a^{n+1/2} = \boldsymbol{X}_a^n + \frac{\Delta t}{2}\boldsymbol{u'}_a^{n+1/2} \tag{4.110}$$

$$\phi'_a^{n+1/2} = \phi_a^n + \frac{\Delta t}{2}I_a^{n+1/2} \tag{4.111}$$

最后,由校正后的第 $n+1/2$ 步的信息与原有的第 n 步的结果计算第 $n+1$ 步粒子的位置、速度及携带的物理量。

$$X_a^{n+1} = 2X'^{n+1/2}_a - X_a^n \tag{4.112}$$

$$u_a^{n+1} = 2u'^{n+1/2}_a - u_a^n \tag{4.113}$$

$$\phi_a^{n+1} = 2\phi'^{n+1/2}_a - \phi_a^n \tag{4.114}$$

预测校正法为显格式方法，其时间步长需满足库朗条件，受粒子加速度、声速等因素的影响，Monaghan 和 Kos（1999）给出了单相流下 SPH 方法时间步长的限制条件。另外，考虑两相黏性应力对时间步长的影响，给出计算时间步长需满足的条件（Shi 等，2017）。

$$\Delta t = \min(\Delta t_c, \Delta t_F, \Delta t_\nu) \tag{4.115}$$

$$\Delta t_c = 0.3 \frac{h}{\max(c_s)_a} \tag{4.116}$$

$$\Delta t_F = 0.3 \min\left(\sqrt{\frac{h}{\max|a_f|_a}}, \sqrt{\frac{h}{\max|a_s|_a}}\right) \tag{4.117}$$

$$\Delta t_\nu = 0.125 \min\left(\frac{h^2}{\max(\nu_f)_a}, \frac{h^2}{\max(\nu_s)_a}\right) \tag{4.118}$$

式中：h 为核函数的光滑长度；c_s 为 SPH 粒子的声速，由式（4.78）求解；a_f 为粒子的水相加速度，$a_f = \mathrm{d}u_f/\mathrm{d}t$；$a_s$ 为泥沙相加速度，$a_s = \mathrm{d}u_s/\mathrm{d}t$；$|a_f|$ 与 $|a_s|$ 为加速度的模；ν_f 与 ν_s 分别为水相和泥沙相的黏性系数，$\nu_f = \nu_f^0 + \nu_f^{SPS}$，$\nu_s = \nu_s^0 + \nu_s^{SPS}$。

控制方程求解过程中，需采用 Shepard 平均技术对粒子密度进行平均化处理，以抑制计算结果中的数值波动。本书对单相流下的 Shepard 平均进行了修正，每隔 20 个计算步，采用式（4.119）对 SPH 粒子的水相密度进行平均。

$$(\rho_f)_a^{\text{filtering}} = \frac{\sum_b (\rho_f)_b W_{ab} V_b}{\sum_b W_{ab} V_b} = \frac{\sum_b \frac{(m_f)_b}{1-(\alpha_s)_b} W_{ab}}{\sum_b \frac{(m_f)_b}{(\alpha_f \rho_f)_b} W_{ab}} \tag{4.119}$$

考虑 Shepard 平均过程中粒子携带的水相与泥沙相的质量均保持不变，可以推导出粒子包含的水相质量浓度与泥沙相体积浓度在

Shepard 平均处理后的数值：

$$(\alpha_f \rho_f)_a^{\text{filtering}} = \frac{(\alpha_f \rho_f)_a}{(\alpha_f \rho_f)_a + (\alpha_s)_a (\rho_f)_a^{\text{filtering}}} (\rho_f)_a^{\text{filtering}} \quad (4.120)$$

$$(\alpha_s)_a^{\text{filtering}} = \frac{(\alpha_s)_a}{(\alpha_f \rho_f)_a + (\alpha_s)_a (\rho_f)_a^{\text{filtering}}} (\rho_f)_a^{\text{filtering}} \quad (4.121)$$

式中：$(\alpha_f \rho_f)_a$ 与 $(\alpha_s)_a$ 分别为进行 Shepard 平均之前粒子包含的水相质量浓度与泥沙相体积浓度。

第 5 章　基于 SPH 方法的双流体模型在疏浚抛泥中的应用

本章将构建的基于 SPH 方法的双流体水沙两相流模型应用到疏浚工程中静水下抛泥问题，研究抛泥过程中自由水面和泥沙云团的运动特征，讨论泥沙云团的宽度、下沉速度及浓度分布随泥沙粒径与云团初始体积的变化规律，验证模型在自由水面运动条件下的水沙两相流问题中的有效性。

5.1　物理问题与计算条件

航道疏浚工程中，常采用方便且经济的水下抛泥法处理挖出的淤泥，利用驳船将其投放至指定海域。抛泥过程中产生的悬浮泥沙会对水体环境造成不利影响，应用构建的两相流模型研究疏浚抛泥问题，准确描述泥沙团的运动特征对抛泥工程的规划和环境影响评价都有重要的意义。

考虑 Nakatsuji 等（1990）中二维线源瞬时抛泥问题。如图 5.1 所示，计算域的水平宽度 L 和垂向水深 H 均为 1m。初始时刻，在自由水面附近释放一定面积的泥沙团，记泥沙团的初始面积为 q_0。二维情形下，采用面积表征泥沙团体积的大小。泥沙团内初始浓度取为 $\alpha_{s_0} = 0.606$。泥沙颗粒粒径为 d_p，沉速为 ω_s。Nakatsuji 等（1990）采用不同的泥沙粒径 d_p 与不同的初始面积 q_0 进行了多组实验，如表 5.1 所示，考察泥沙粒径与泥沙云团初始面积对云团运动特征的影响。遗憾的是，仅能获得部分实验组次中的实测数据。各时刻，以 $\alpha_s = 0.1 \alpha_s^m$ 定义云团边界的位置，其中 α_s^m 为该时刻云团内最大泥沙浓度值。图 5.1 中，B 为泥沙云团的宽度，Z 为云团的下沉距离。

表 5.1 实 验 参 数

实验组次	泥沙粒径 d_p/mm	泥沙沉速 ω_s/(cm/s)	初始面积 q_0/cm²
08C1	0.800	15.4	5
13C1	1.300	23.0	5
50C1	5.000	36.8	5
08C2	0.800	15.4	10
13C2	1.300	23.0	10
50C2	5.000	36.8	10

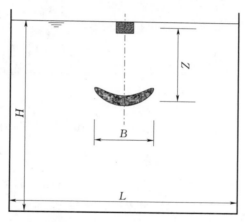

图 5.1 静水中二维线源瞬时抛泥示意图

利用本书构建的基于 SPH 方法的水沙两相流模型模拟泥沙云团的下落过程。将整个计算域的水流离散为一系列 SPH 粒子（图 5.2），粒子粒径为 Δ，跟踪计算粒子的位置、速度及其携带的物理量。自由水面不需要给定任何边界条件，SPH 方法通过跟踪粒子运动，能够方便地描述自由水面的运动。水平向两侧边壁及底床上考虑固体壁面边界条件。本书构建的模型可将 Dalrymple 和 Knio（2001）在单相流下的边界条件处理办法拓展到两相流问题。将固体壁面离散成 3 层相对壁面固定不动的 SPH 边界粒子，粒子同样携带水相质量浓度等物理信息。边

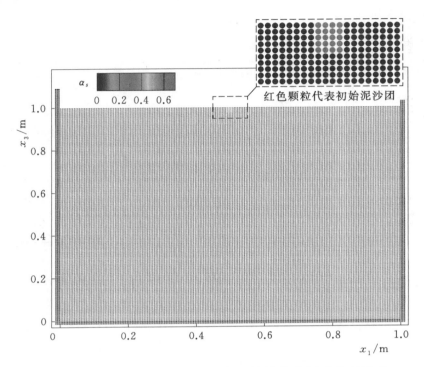

图 5.2 初始时刻 SPH 粒子分布及其携带的泥沙体积浓度

界粒子与流体粒子采用相同的控制方程组,除了其位置固定不动外,其他物理量的计算与流体粒子没有区别,计算中将其视为流体粒子处理。通过考虑边界粒子与流体粒子的相互作用反映固体壁面边界对流动的影响。

考虑 SPH 粒子粒径 Δ 对计算结果的影响。SPH 粒子的粒径与传统数值方法中的网格大小对应;理论上,粒子粒径越小,计算结果越准确,计算量也越大。初始时刻,分别采用粒径大小为 0.0100m、0.0050m 以及 0.0025m 的粒子离散计算域内静止的水体,模拟 08C1 实验中泥沙云团的下落过程。图 5.3 显示了三种粒子粒径条件下模型计算得到的泥沙云团中心垂向位置随时间的变化过程。图 5.3 中显示,由 0.0050m 大小的 SPH 粒子得到的计算结果与由 0.0025m 的粒子得到的结果已经非常接近。考虑计算精度与计算量,本章的计算中均采用粒径为 0.0050m 的粒子离散含沙水体。

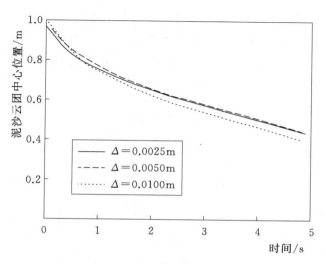

图 5.3 SPH 粒子粒径对泥沙云团中心
垂向位置计算结果的影响

5.2 敏 感 性 分 析

需要给定模型中亚粒子（SPS）应力的 Smagorinsky 系数 C_S 及泥沙施密特数 Sc。系数 C_S 一般取在 0.075~0.125 范围内（程伟平等，2006；Harada 等，2013；Wang 等，2014），Sc 的大小在 0.5~1.0 之间（Li，1997）。考虑 C_S 与 Sc 对泥沙云团下沉速度、中心点垂向位置及宽度计算结果的影响，对结果进行敏感性分析，确定模型计算参数。

对比 C_S 在取值为 0.075、0.100 及 0.125 的三种情况下 08C1 实验的计算结果，图 5.4、图 5.5 与图 5.6 分别显示了 C_S 对泥沙云团中心位置、下沉速度与宽度计算结果的影响。$u_0 = \sqrt{g\sqrt{q_0}}$，$L_0 = \sqrt{q_0}$。云团的下沉速度取为云团中心的垂向速度，记为 w_c。为方便对比，图 5.5 已对结果曲线进行了平滑处理，这种处理并没有改变曲线的整体趋势及三条曲线之间的关系。由图 5.4~图 5.6 可见，云团中心的垂向位置与云团下沉速度的计算结果在三种不同 C_S 值的情况下差别很小,而云团宽度的计算值随 C_S 值的增大而增大,但不同 C_S 下宽度计算值间的差距在 20% 以内。由此可见,C_S 在 0.075~0.125 范围内的取值对模型计算结果影响有限,本章计算中统一取 $C_S=0.100$。

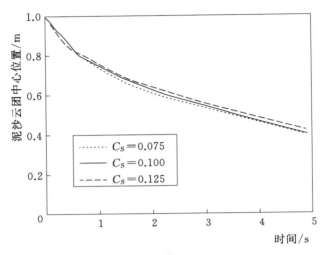

图 5.4　C_S 对云团中心位置计算结果的影响

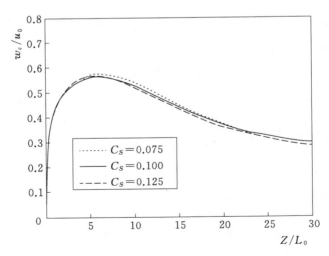

图 5.5　C_S 对云团下沉速度计算结果的影响

对比 Sc 在取值为 0.5,0.8 及 1.0 的三种情况下 08C1 实验的计算结果,如图 5.7~图 5.9 所示。结果表明,云团中心垂向位

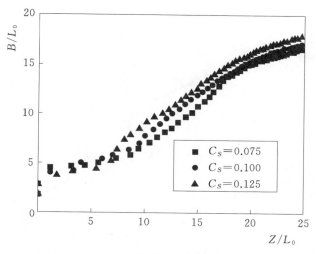

图 5.6 C_S 对云团宽度计算结果的影响

置与云团下沉速度的计算值在三种不同 Sc 值情况下差别不大。泥沙下落前期阶段，云团宽度的计算值在不同 Sc 条件下也没有明显的差别；后期阶段，宽度计算值随着 Sc 的减小而增大，但不同 Sc 下的计算值差距仍然不大。类似 C_S，泥沙施密特数在 $0.5 \sim 1.0$ 之间取值对模型计算结果影响也不明显，本章计算中统一取 $Sc = 1.0$。

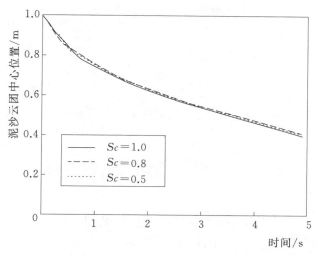

图 5.7 Sc 对云团中心位置计算结果的影响

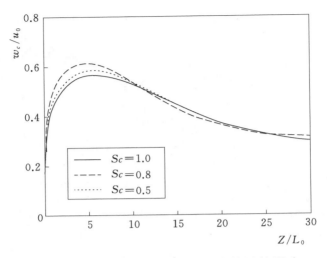

图 5.8　Sc 对云团下沉速度计算结果的影响

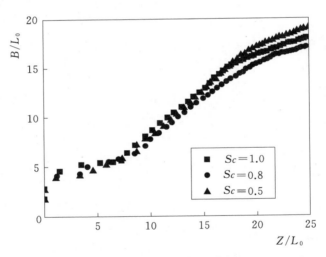

图 5.9　Sc 对云团宽度计算结果的影响

5.3　泥沙云团的运动特征

计算表 5.1 中的六组实验，关注下落过程中泥沙云团下沉速度、宽度及浓度分布的变化特点，讨论云团初始面积与泥沙粒径对云团运动的影响。

5.3.1 云团的下沉速度

泥沙云团下沉速度定义为云团中心的垂向运动速度。采用可获得的 08C1 与 50C1 的实测数据验证模型，对比云团下沉速度的计算值与实测值。如图 5.10 所示，不论是细粒径情况（08C1）还是粗粒径情况（50C1），模型计算结果与实验数据均吻合得很好。结果显示，泥沙云团下落过程中，下沉速度先迅速增大而后逐渐减小并收敛到一个固定值。该固定值大小与单颗粒泥沙沉速 ω_s 非常接近，即云团下沉速度最终收敛于单颗粒泥沙的沉速。

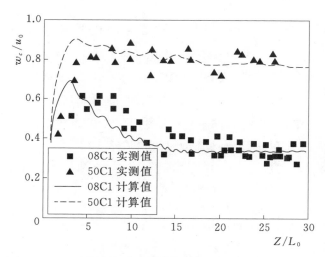

图 5.10　泥沙云团下沉速度计算值与实测值的对比

考虑泥沙粒径对云团下沉速度的影响，图 5.11（a）与图 5.11（b）分别为初始面积 q_0 等于 $5cm^2$ 和 $10cm^2$ 条件下泥沙粒径不同的云团下沉速度的计算值。图中显示，不论泥沙粒径大小，泥沙云团下沉速度均呈现出先增大后减小并收敛到单颗粒泥沙沉速的特点。且泥沙粒径越大，下沉速度越快收敛到相应的颗粒沉速。如在 50C1 实验中，泥沙团下沉速度几乎没有经历减小的过程就已经接近其单颗粒泥沙的沉速值。

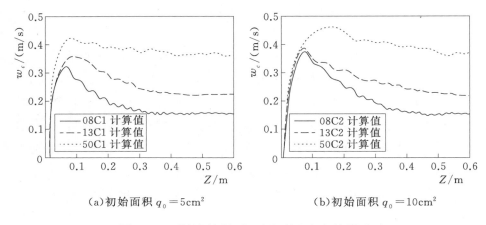

(a) 初始面积 $q_0 = 5\text{cm}^2$

(b) 初始面积 $q_0 = 10\text{cm}^2$

图 5.11 泥沙粒径对云团下沉速度的影响

考虑泥沙云团初始面积对下沉速度的影响，图 5.12（a）、5.12（b）与 5.12（c）分别为由粒径为 0.8mm，1.3mm 与 5.0mm 的泥沙颗粒组成的云团在不同初始面积条件下的下沉速度。图中显示，随着泥沙云团初始面积增大，下沉速度的峰值变大，云团下落前期阶段的下沉速度也会增大，这一现象在粒径为 0.8mm 的细泥沙情形中最明显。但在不同的初始面积条件下，泥沙云团的下沉速度均会收敛到相同的单颗粒泥沙沉速。

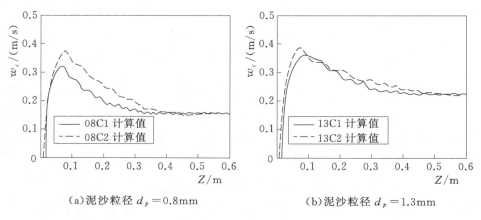

(a) 泥沙粒径 $d_p = 0.8\text{mm}$

(b) 泥沙粒径 $d_p = 1.3\text{mm}$

图 5.12（一） 泥沙云团初始面积对下沉速度的影响

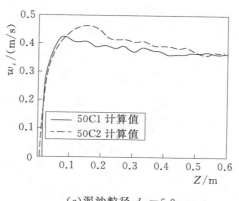

(c) 泥沙粒径 $d_p=5.0\text{mm}$

图 5.12（二） 泥沙云团初始面积对下沉速度的影响

在各实验中，采用单颗粒泥沙的沉速将云团下沉速度无量纲化，利用与初始面积相关的特征长度 $L_0=\sqrt{q_0}$ 将云团下沉距离无量纲化，将六组实验结果统一到图 5.13 中。由图 5.13 可见，在利用 L_0 对下沉距离无量纲化处理后，云团初始面积对下沉速度的影响并不如图 5.12 中明显。而泥沙粒径对下沉速度的影响仍然很显著，粒径越小，云团下落初始阶段的下沉速度与单颗粒泥沙沉速的比值就越大。

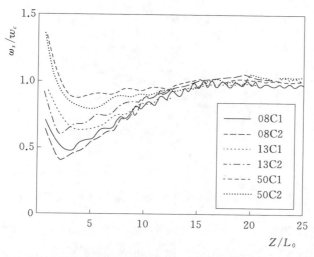

图 5.13 泥沙粒径与云团初始面积对无量纲下沉流速的影响

5.3.2 云团的宽度

泥沙云团宽度的具体数值依赖于对云团边界的定义，一般根据泥沙体积浓度的大小来给定边界位置。在本章选择的实验中，取泥沙浓度满足 $\alpha_s = 0.1\alpha_s^m$ 的点作为云团边界点，α_s^m 为云团内最大浓度值。这类定义下，实验中浓度测量的误差对云团宽度的数据精度有较大影响。

采用可获得的 13C2 与 50C2 的实测数据验证模型，对比云团宽度的计算值与实测值，如图 5.14 所示。50C2 实验中，模型计算结果与实验数据吻合得很好。而 13C2 实验中，云团下落前期阶段 ($Z/L_0 < 10$)，宽度的计算值与实验值相符；下落后期阶段 ($Z/L_0 > 10$)，计算值较实验值偏小。这一结果可能与模型对泥沙云团在下落后期阶段的扩散估计不足有关。结果显示，在云团下落前期阶段，云团宽度沿下沉距离近似线性地增大。而在下落后期阶段，泥沙团下沉速度接近泥沙沉速，云团宽度沿下沉距离的增长速率减小，宽度变化曲线呈现为上凸形状。

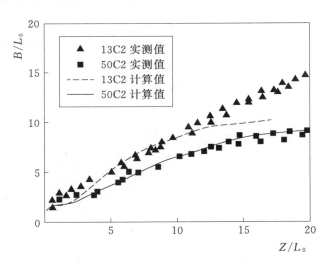

图 5.14 泥沙云团宽度计算值与实测值的对比

考虑泥沙粒径对云团宽度的影响，图 5.15（a）与图 5.15（b）分别为初始面积 q_0 等于 $5 cm^2$ 和 $10 cm^2$ 条件下泥沙粒径不同的云团宽度的计算结果。由图 5.15 可见，泥沙云团宽度沿下沉距离的扩展速率随着泥沙粒径的增大而减小。云团宽度的变化是重力下沉与紊动扩散共同作用的结果（Lin 和 Wang，2006），当泥沙粒径较大时，云团的下沉沉速也较大，重力作用大于紊动扩散效应，云团宽度沿下沉距离的扩展速率相对较小。

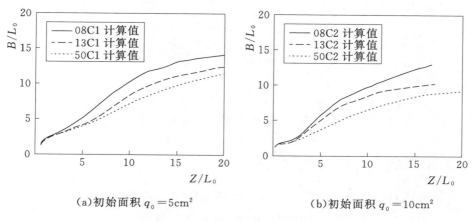

(a) 初始面积 $q_0 = 5\text{cm}^2$　　　　(b) 初始面积 $q_0 = 10\text{cm}^2$

图 5.15　泥沙粒径对云团宽度的影响

考虑泥沙云团初始面积对云团宽度的影响，图 5.16 为云团在不同初始面积条件下宽度的计算结果。图 5.16 中显示，不论泥沙粒径大小，泥沙云团初始面积越大，云团宽度沿下沉距离的扩展速率越小。泥沙云团初始面积增大时，云团下沉的绝对速度增大，重力沉降作用与紊动扩散效应相比更强，由此导致云团宽度沿下沉距离的扩展速率降低。

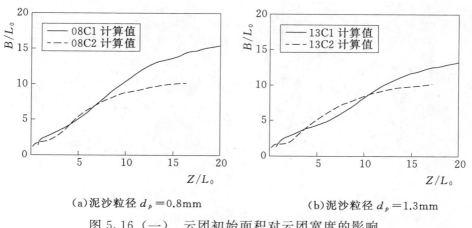

(a) 泥沙粒径 $d_p = 0.8\text{mm}$　　　　(b) 泥沙粒径 $d_p = 1.3\text{mm}$

图 5.16（一）　云团初始面积对云团宽度的影响

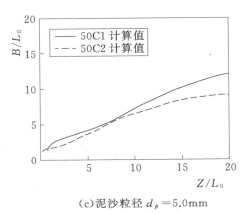

(c) 泥沙粒径 $d_p = 5.0$mm

图 5.16（二） 云团初始面积对云团宽度的影响

5.3.3 云团内泥沙浓度分布

考虑泥沙粒径对云团内泥沙体积浓度分布的影响。图 5.17（a）与图 5.17（c）分别显示了泥沙粒径为 0.8mm 的云团下落 1s 和 6s 时的瞬时泥沙浓度分布，图 5.17（b）与图 5.17（d）分别显示了泥沙粒径为 5.0mm 的云团下落 1s 和 2s 时的瞬时泥沙浓度分布。结果显示，在泥沙粒径较小的情况下，云团内泥沙体积浓度呈现"双峰型"分布，泥沙向云团两侧聚集；在大粒径的情况下，泥沙浓度峰值在云团中心区域，没有形成"双峰型"分布。Li（1997）指出，泥沙云团内浓度分布的具体形式与云团下沉速度和卷吸涡的发展速度有关。

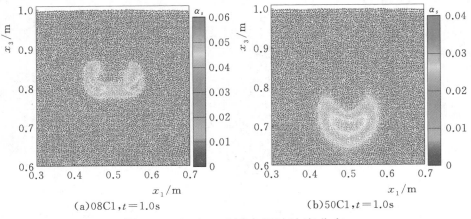

(a) 08C1, $t = 1.0$s　　　　(b) 50C1, $t = 1.0$s

图 5.17（一） 云团内泥沙浓度分布

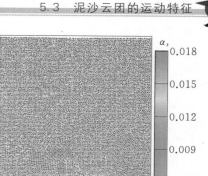

(c) 08C1, $t=6.0$s (d) 50C1, $t=2.0$s

图 5.17（二） 云团内泥沙浓度分布

图 5.18 给出了 08C1 与 50C1 两组实验在 $t=1.0$s 时水流速度的空间分布。由图 5.18 可见，泥沙粒径较小时，云团下沉过程中，在云团尾部周围流场形成较强的卷吸涡。在卷吸涡作用下，云团内泥沙向两侧运动，形成"双峰型"浓度分布。当泥沙粒径较大时，云团下沉速度较大，卷吸涡不能充分发展，泥沙更多地集中在云团中心位置附近，不会形成"双峰型"的浓度分布。

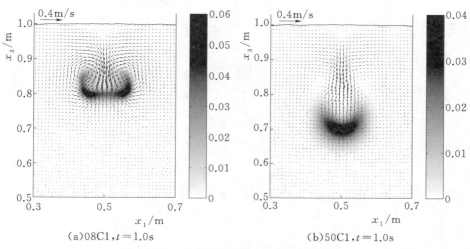

(a) 08C1, $t=1.0$s (b) 50C1, $t=1.0$s

图 5.18 云团内水相速度的空间分布

5.4 自由水面的运动特征

抛泥过程中，在泥沙云团的作用下自由水面发生波动，水面的运动又会反过来影响云团的下落与扩散。图 5.19 展示了基于 SPH 方法的两相流模型计算得到的云团下落初期自由水面的波动。$t = 0.08\text{s}$ 时，自由水面被云团拖拽下沉；$t = 0.14\text{s}$ 时，云团脱离水面

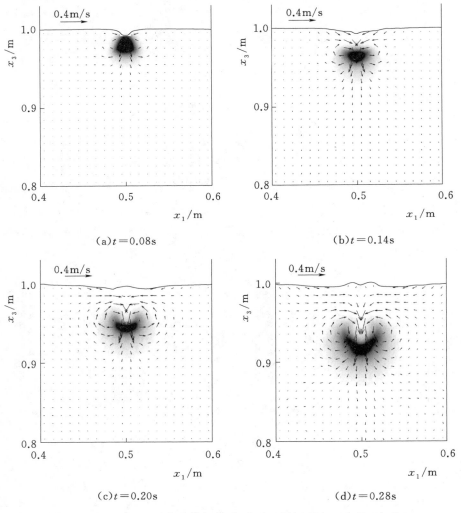

图 5.19（一） 云团下落初期自由水面的运动（50C1 实验）

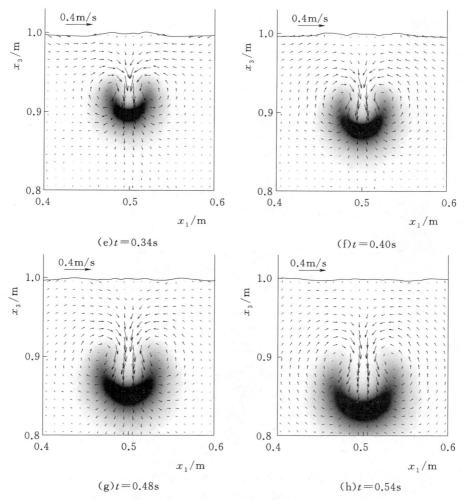

图 5.19（二） 云团下落初期自由水面的运动（50C1 实验）

附近区域，自由水面反弹上升，在 $t=0.28$s 时形成两个对称的波峰。对称波峰向外传播，自由水面小幅度振荡直至趋于静止。模型计算得到的自由水面运动特征与 Oda 和 Shigematsu（1994）以及 Lin 和 Wang（2006）的相关结果一致。

进一步比较各实验组中云团初始释放位置处水面的波动幅度可知，自由水面的波动随着云团初始体积的增大而增强，随着泥沙粒径的增大而减弱；而自由水面的运动越强，泥沙云团的下沉速度越小、宽度扩展越快、扩散越显著（Shi 等，2017）。

参 考 文 献

[1] Adami S, Hu X Y, Adams N A. A generalized wall boundary condition for smoothed particle hydrodynamics [J]. Journal of Computational Physics, 2012, 231 (21): 7057-7075.

[2] Ahilan R V, Sleath J. Sediment transport in oscillatory flow over flat beds [J]. Journal of Hydraulic Engineering, ASCE, 1987, 113 (3): 308-322.

[3] Ancey C, Bigillon F, Frey P, et al. Saltating motion of a bead in a rapid water stream [J]. Physical Review E, 2002, 66 (3): 1-16.

[4] Apte S V, Mahesh K, Lundgren T. A Eulerian-Lagrangian model to simulate two-phase/particulate flows [R]. Center for Turbulence Research Annual Research Briefs, 2003: 161-171.

[5] Auton T R, Hunt J C R, Prudhomme M. The force exerted on a body in inviscid unsteady non-uniform rotational flow [J]. Journal of Fluid Mechanics, 1988, 197: 241-257.

[6] Bagchi P, Balachandar S. Response of the wake of an isolated particle to an isotropic turbulent flow [J]. Journal of Fluid Mechanics, 2004, 518: 95-123.

[7] Becker M, Teschner M. Weakly compressible SPH for free surface flows [C] // Metaxas D, Popovic J, eds. Proceedings of 2007 ACM SIGGRAPH/Eerographics symposium on Computer animation. San Diego: ACM, 2007: 209-217.

[8] Beeman D. Some multistep methods for use in molecular dynamics calculations [J]. Journal of Computational Physics, 1976, 20 (2): 130-139.

[9] Best J, Bennett S, Bridge J, et al. Turbulence modulation and particle velocities over flat sand beds at low transport rates [J]. Journal of Hydraulic Engineering, ASCE, 1997, 123 (12): 1118-1129.

[10] Bocksell T L, Loth E. Random walk models for particle diffusion in free-shear flows [J]. AIAA Journal, 2001, 39 (6): 1086-1096.

[11] Bocksell T L, Loth E. Stochastic modeling of particle diffusion in a turbu-

lent boundary layer [J]. International Journal of Multiphase Flow, 2006, 32 (10-11): 1234-1253.

[12] Bombardelli F A, Jha S K. Hierarchical modeling of the dilute transport of suspended sediment in open channels [J]. Environmental Fluid Mechanics, 2009, 9 (2): 207-235.

[13] Brookshaw L. A method of calculating radiative heat diffusion in particle simulations [J]. Proceedings Astronomical Society of Australia, 1985, 6 (2): 207-210.

[14] Bui H H, Sako K, Fukagawa R. Numerical simulation of soil-water interaction using smoothed particle hydrodynamics (SPH) method [J]. Journal of Terramechanics, 2007, 44 (5): 339-346.

[15] Calantoni J, Puleo J A. Role of pressure gradients in sheet flow of coarse sediments under sawtooth waves [J]. Journal of Geophysical Research-Oceans, 2006, 111 (C1): 1-10.

[16] Cao Z, Egashira S, Carling P A. Role of suspended sediment particle size in modifying velocity profiles in open channel flows [J]. Water Resources Research, 2003, 39 (2): 1029.

[17] Capecelatro J, Desjardins O. Eulerian-Lagrangian modeling of turbulent liquid-solid slurries in horizontal pipes [J]. International Journal of Multiphase Flow, 2013, 55: 64-79.

[18] Cha S H, Whitworth A P. Implementations and tests of Godunov-type particle hydrodynamics [J]. Monthly Notices of the Royal Astronomical Society, 2003, 340 (1): 73-90.

[19] Chen X, Li Y, Niu X, et al. A general two-phase turbulent flow model applied to the study of sediment transport in open channels [J]. International Journal of Multiphase Flow, 2011a, 37 (9): 1099-1108.

[20] Chen X, Li Y, Niu X, et al. A two-phase approach to wave-induced sediment transport under sheet flow conditions [J]. Coastal Engineering, 2011b, 58 (11): 1072-1088.

[21] Cleary P W. Modeling confined multi-material heat and mass flows using SPH [J]. Applied Mathematical Modeling, 1998, 22 (12): 981-993.

[22] Clift R, Grace J R, Weber M E. Bubbles, Drops, and Particles [M]. New York: Academic Press, 1978.

[23] Colagrossi A, Landrini M. Numerical simulation of interfacial flows by smoothed particle hydrodynamics [J]. Journal of Computational

Physics, 2003, 191 (2): 448 – 475.

[24] Coleman N L. Flume studies of sediment transfer coefficient [J]. Water Resources Research, 1970, 6 (3): 801 – 809.

[25] Coleman N L. Effects of suspended sediment on the open-channel velocity distribution [J]. Water Resources Research, 1986, 22 (10): 1377 – 1384.

[26] Crowe C T. On models for turbulence modulation in fluid-particle flows [J]. International Journal of Multiphase Flow, 2000, 26 (5): 719 – 727.

[27] Crowe C, Schwarzkopf J, Sommerfled M, et al. Multiphase flows with droplets and particles [M]. 2nd ed. Florida: CRC Press, 2011.

[28] Dalrymple R A, Knio O. SPH modeling of water waves [C] // Hanson H, Larson M, eds. Proceedings of 4th International Conference on Coastal Dynamics. Lund: ASCE, 2001: 779 – 787.

[29] Dalrymple R A, Rogers B D. Numerical modeling of water waves with the SPH method [J]. Coastal Engineering, 2006, 53 (2 – 3): 141 – 147.

[30] Dobbins W E. Effect of turbulence on sedimentation [J]. Transactions of the ASCE, 1944, 109: 660 – 666.

[31] Dong P, Zhang K. Two-phase flow modeling of sediment motions in oscillatory sheet flow [J]. Coastal Engineering, 1999, 36 (2): 87 – 109.

[32] Dong P, Zhang K. Intense near-bed sediment motions in waves and currents [J]. Coastal Engineering, 2002, 45 (2): 75 – 87.

[33] Drake T G, Calantoni J. Discrete particle model for sheet flow sediment transport in the nearshore [J]. Journal of Geophysical Research – Oceans, 2001, 106 (C9): 19859 – 19868.

[34] Drew D A. Mathematical modeling of two-phase flow [J]. Annual Review of Fluid Mechanics, 1983, 15: 261 – 291.

[35] Drew D A, Segel L A. Averaged equations for 2 – phase flows [J]. Studies in Applied Mathematics, 1971, 50 (3): 205 – 231.

[36] Durán O, Andreotti B, Claudin P. Numerical simulation of turbulent sediment transport, from bed load to saltation [J]. Physics of Fluids, 2012, 24 (10): 103306.

[37] Elghobashi S E, Abou – Arab T W. A two-equation turbulence model for two-phase flows [J]. Physics of Fluids, 1983, 26 (4): 931 – 938.

[38] Elghobashi S. On predicting particle-laden turbulent flows [J]. Applied Scientific Research, 1994, 52 (4): 309 – 329.

[39] Elghobashi S, Truesdell G C. Direct simulation of particle dispersion in a decaying isotropic turbulence [J]. Journal of Fluid Mechanics, 1992, 242: 655-700.

[40] Engelund F, Fredsoe J. A sediment transport model for straight alluvial channels [J]. Nordic Hydrology, 1976, 7 (5): 293-306.

[41] Enwald H, Peirano E, Almstedt A E. Eulerian two-phase flow theory applied to fluidization [J]. International Journal of Multiphase Flow, 1996, 22 (S): 21-66.

[42] Fang H W, Wang G Q. Three-dimensional mathematical model of suspended-sediment transport [J]. Journal of Hydraulic Engineering, ASCE, 2000, 126 (8): 578-592.

[43] Ferrari A, Dumbser M, Toro E F, et al. A new 3D parallel SPH scheme for free surface flows [J]. Computers & Fluids, 2009, 38 (6): 1203-1217.

[44] Fu X, Wang G, Shao X. Vertical dispersion of fine and coarse sediments in turbulent open-channel flows [J]. Journal of Hydraulic Engineering, ASCE, 2005, 131 (10): 877-888.

[45] Gao D, Herbst J A. Alternative ways of coupling particle behavior with fluid dynamics in mineral processing [J]. International Journal of Computational Fluid Dynamics, 2009, 23 (2): 109-118.

[46] Garcia M, Parker G. Entrainment of bed sediment into suspension [J]. Journal of Hydraulic Engineering, ASCE, 1991, 117 (4): 414-435.

[47] Gardiner C W. Handbook of stochastic methods for physics, chemistry, and the natural sciences [M]. New York: Springer-Verlag, 1990.

[48] Gingold R A, Monaghan J J. Smoothed Particle Hydrodynamics: theory and application to non-spherical stars [J]. Monthly Notices of the Royal Astronomical Society, 1997, 181 (3): 375-389.

[49] Gómez-Gesteira M, Cerqueiro D, Crespo C, et al. Green water overtopping analyzed with a SPH model [J]. Ocean Engineering, 2005, 32 (2): 223-238.

[50] Gómez-Gesteira M, Dalrymple R A. Using a three-dimensional Smoothed Particle Hydrodynamics method for wave impact on a tall structure [J]. Journal of Waterway, Port, Coastal, and Ocean Engineering, ASCE, 2004, 130 (2): 63-69.

[51] Gómez-Gesteira M, Rogers B D, Crespo A J C, et al. SPHysics-de-

velopment of a free-surface fluid solver – Part 1: Theory and formulations [J]. Computers & Geosciences, 2012, 48 (21): 289-299.

[52] Gómez-Gesteira M, Rogers B D, Dalrymple R A, et al. State-of-the-art of classical SPH for free-surface flows [J]. Journal of Hydraulic Research, 2010, 48 (SI): 6-27.

[53] Gore R A, Crowe C T. Effect of particle-size on modulating turbulent intensity [J]. International Journal of Multiphase Flow, 1989, 15 (2): 279-285.

[54] Gosman A D, Ioannides E. Aspects of computer simulation of liquid-fueled combustors [J]. Journal of Energy, 1983, 7 (6): 482-490.

[55] Gotoh H, Sakai T. Numerical simulation of sheet flow as granular material [J]. Journal of Waterway, Port, Coastal, and Ocean Engineering, 1997, 123 (6): 329-336.

[56] Gotoh H, Sakai T. Key issues in the particle method for computation of wave breaking [J]. Coastal Engineering, 2006, 53 (2-3): 171-179.

[57] Gotoh H, Shao S, Memita T. SPH – LES model for numerical investigation of wave interaction with partially immersed breakwater [J]. Coastal Engineering Journal, ASCE, 2004, 46 (1): 39-63.

[58] Graham D I, James P W. Turbulent dispersion of particles using eddy interaction models [J]. International Journal of Multiphase Flow, 1996, 22 (1): 157-175.

[59] Hajivalie F, Yeganeh – Bakhtiary A, Houshanghi H, et al. Euler – Lagrange model for scour in front of vertical breakwater [J]. Applied Ocean Reaserch, 2012, 34: 96-106.

[60] Harada E, Tsuruta N, Gotoh H. Two-phase flow LES of the sedimentation process of a particle cloud [J]. Journal of Hydraulic Research, 2013, 51 (2): 186-194.

[61] Haworth D C, Pope S B. A generalized Langevin model for turbulent flows [J]. Physics of Fluids, 1986, 29 (2): 387-403.

[62] Hetsroni G. Particle turbulence interaction [J]. International Journal of Multiphase Flow, 1989, 15 (5): 735-746.

[63] Hinze J O. Turbulence [M]. New York: McGraw – Hill, 1975.

[64] Hsu C, Chang K. A Lagrangian modeling approach with the direct simulation Monte – Carlo method for inter-particle collisions in turbulent flow [J]. Advanced Powder Technology, 2007, 18 (4): 395-426.

[65] Hsu T, Jenkins J T, Liu P L F. On two-phase sediment transport: Dilute flow [J]. Journal of Geophysical Research – Oceans, 2003, 108 (C3): 3057.

[66] Hsu T J, Jenkins J T, Liu P L F. On two-phase sediment transport: sheet flow of massive particles [J]. Proceedings of the Royal Society of London, 2004, 460 (2048): 2223 – 2250.

[67] Hsu T J, Chang H, Hsieh C. A two-phase flow model of wave-induced sheet flow [J]. Journal of Hydraulic Research, 2003, 41 (3): 299 – 310.

[68] Hu X Y, Adams N A. A constant-density approach for incompressible multi-phase SPH [J]. Journal of Computational Physics, 2009, 228: 2082 – 2091.

[69] Hunt J N. The turbulent transport of suspended sediment in open channels [J]. Proceedings of the Royal Society of London Series A – Mathematical and Physical Sciences, 1954, 224 (1158): 322 – 335.

[70] Iliopoulos I, Mito Y, Hanratty T J. A stochastic model for solid particle dispersion in a nonhomogeneous turbulent field [J]. International Journal of Multiphase Flow, 2003, 29 (3): 375 – 394.

[71] Ishii M. Thermo-fluid Dynamic Theory of Two-phase Flow [M]. Paris: Eyrolles, 1975.

[72] Jha S K, Bombardelli F A. Two-phase modeling of turbulence in dilute sediment – laden open – channel flows [J]. Environmental Fluid Mechanics, 2009, 9 (2): 237 – 266.

[73] Jha S K, Bombardelli F A. Toward two-phase flow modeling of nondilute sediment transport in open channels [J]. Journal of Geophysical Research – Earth Surface, 2010, 115 (F3): 03015.

[74] Khayyer A, Gotoh H, Shao S. Corrected incompressible SPH method for accurate water-surface tracking in breaking waves [J]. Coastal Engineering, 2008, 55 (3): 236 – 250.

[75] Khayyer A, Gotoh H. On particle-based simulation of a dam break over a wet bed [J]. Journal of Hydraulic Research, 2010, 48 (2): 238 – 249.

[76] Khayyer A, Gotoh H. Enhancement of performance and stability of MPS mesh-free particle method for multiphase flows characterized by high density ratios [J]. Journal of Computational Physics, 2013, 242: 211 – 233.

[77] Kristof P, Benes B, Krivanek J, et al. Hydraulic erosion using Smoothed Particle Hydrodynamics [J]. Computer Graphics Forum, 2009, 28 (2): 219-228.

[78] Laibe G, Price D J. DUSTYBOX and DUSTYWAVE: two test problems for numerical simulations of two-fluid astrophysical dust-gas mixtures [J]. Monthly Notices of the Royal Astronomical Society, 2011, 418 (3): 1491-1497.

[79] Laibe G, Price D J. Dusty gas with one fluid in smoothed particle hydrodynamics [J]. Monthly Notices of the Royal Astronomical Society, 2014, 440 (3): 2147-2163.

[80] Lain S, Sommerfeld M. Turbulence modulation in dispersed two-phase flow laden with solids from a Lagrangian perspective [J]. International Journal of Heat and Fluid Flow, 2003, 24 (4): 616-625.

[81] Lee S. A numerical study of the unsteady wake behind a sphere in a uniform flow at moderate Reynolds numbers [J]. Computers and Fluids, 2000, 29 (6): 639-667.

[82] Li C W. Convection of particle thermals [J]. Journal of Hydraulic Research, 1997, 35 (3): 363-376.

[83] Libersky L D, Petschek A G, Carney T C, et al. High strain Lagrangian Hydrodynamics - A 3 - dimensional SPH code for dynamics material response [J]. Journal of Computational Physics, 1993, 109 (1): 67-75.

[84] Lin P, Wang D. Numerical modeling of 3D stratified free surface flows: a case study of sediment dumping [J]. International Journal for Numerical Methods in Fluids, 2006, 50 (12): 1425-1444.

[85] Liu G R, Liu M B. Smoothed Particle Hydrodynamics: A meshfree particle method [M]. Singapore: World Scientific, 2003.

[86] Liu M B, Liu G R, Lam K Y. Constructing smoothing functions in smoothed particle hydrodynamics with applications [J]. Journal of Computational and Applied Mathematics, 2003, 155 (2): 263-284.

[87] Liu M, Liu G. Smoothed Particle Hydrodynamics (SPH): an overview and recent developments [J]. Archives of Computational Methods in Engineering, 2010, 17 (1): 25-76.

[88] Liu H, Sato S. Modeling sediment movement under sheet flow conditions using a two-phase flow approach [J]. Coastal Engineering Jour-

nal, 2005, 47 (4): 255-284.

[89] Liu H, Sato S. A two-phase flow model for asymmetric sheet flow conditions [J]. Coastal Engineering, 2006, 53 (10): 825-843.

[90] Lo E, Shao S. Simulation of near-shore solitary wave mechanics by an incompressible SPH method [J]. Applied Ocean Research, 2002, 24 (5): 275-286.

[91] Longo S. Two-phase flow modeling of sediment motion in sheet-flows above plane beds [J]. Journal of Hydraulic Engineering, 2005, 131 (5): 366-379.

[92] Lucy L B. A numerical approach to testing the fission hypothesis [J]. Astronomical Journal, 1977, 82 (12): 1013-1024.

[93] Macdonald J R. Some simple isothermal equations of state [J]. Reviews of Modern Physics, 1966, 38 (4): 669-679.

[94] MacInnes J M, Bracco F V. Stochastic particle dispersion modeling and the tracer-particle limit [J]. Physics of Fluids A - Fluid Dynamics, 1992, 4 (12): 2809-2824.

[95] Marchioli C, Soldati A, Kuerten J G M, et al. Statistics of particle dispersion in direct numerical simulations of wall-bounded turbulence: Results of an international collaborative benchmark test [J]. International Journal of Multiphase Flow, 2008, 34 (9): 879-893.

[96] Massoudi M. On drag and lift forces in two-dimensional flows of a particulate mixture: A theoretical study [J]. Acta Mechanica, 2006, 185 (3-4): 131-146.

[97] Maxey M R, Riley J J. Equation of motion for a small rigid sphere in a non-uniform flow [J]. Physics of Fluid, 1983, 26 (4): 883-889.

[98] Mayrhofer A, Rogers B D, Violeau D, et al. Investigation of wall bounded flows using SPH and the unified semi-analytical wall boundary conditions [J]. Computer Physics Communications, 2013, 184 (11): 2515-2527.

[99] McTigue D F. Mixture theory for suspended sediment transport [J]. Journal of the Hydraulics Division, ASCE, 1981, 107 (6): 659-673.

[100] Mittal R. Response of the sphere wake to freestream fluctuations [J]. Theoretical and Computational Fluid Dynamics, 2000, 13 (6): 397-419.

[101] Monaghan J J, Gingold R A. Shock simulation by the particle method SPH [J]. Journal of Computational Physics, 1983, 52 (2): 374-389.

[102] Monaghan J J. On the problem of penetration in particle methods [J]. Journal of Computational Physics, 1989, 82 (1): 1 – 15.

[103] Monaghan J J. Smoothed particle hydrodynamics [J]. Annual Review of Astronomy and Astrophysics, 1992, 30: 543 – 574.

[104] Monaghan J J. Simulating free surface flows with SPH [J]. Journal of Computational Physics, 1994, 110 (2): 399 – 406.

[105] Monaghan J J, Kocharyan A. SPH simulation of multi-phase flow [J]. Computer Physics Communications, 1995, 87 (1 – 2): 225 – 235.

[106] Monaghan J J. Implicit SPH Drag and Dusty Gas Dynamics [J]. Journal of Computational Physics, 1997, 138 (2): 801 – 820.

[107] Monaghan J J. Smoothed particle hydrodynamics [J]. Reports on Progress in Physics, 2005, 68 (8): 1703 – 1759.

[108] Monaghan J J, Cas R, Kos A M, et al. Gravity currents descending a ramp in a stratified tank [J]. Journal of Fluid Mechanics, 1999, 379: 39 – 70.

[109] Monaghan J J, Kajtar J B. SPH particle boundary forces for arbitrary boundaries [J]. Computer Physics Communications, 2009, 180 (10): 1811 – 1820.

[110] Monaghan J J, Kos A. Solitary waves on a Cretan beach [J]. Journal of Waterway, Port, Coastal, and Ocean Engineering, 1999, 125 (3): 145 – 154.

[111] Montes – Videla J S. Interaction of two dimensional turbulent flow with suspended particles [D]. Cambridge: MIT, Department of Civil and Environmental Engineering, 1973.

[112] Morris J P, Fox P J, Zhu Y. Modeling low Reynolds number incompressible flows using SPH [J]. Journal of Computational Physics, 1997, 136 (1): 214 – 226.

[113] Morsi S A, Alexander A J. An investigation of particle trajectories in two-phase flow systems [J]. Journal of Fluid Mechanics, 1972, 55 (2): 193 – 208.

[114] Muste M, Patel V C. Velocity profiles for particles and liquid in open-channel flow with suspended sediment [J]. Journal of Hydraulic Engineering, ASCE, 1997, 123 (9): 742 – 751.

[115] Muste M, Yu K, Fujita I, et al. Two-phase versus mixed-flow perspective on suspended sediment transport in turbulent channel

flows [J]. Water Resources Research, 2005, 41 (10): W10402.

[116] Muste M, Yu K, Fujita I, et al. Two-phase flow insights into open-channel flows with suspended particles of different densities [J]. Environmental Fluid Mechanics, 2009, 9 (2): 161 – 186.

[117] Nafe J E, Drake C L. Variation with depth in shallow and deep water marine sediments of porosity, density and the velocities of compressional and shear waves [J]. Geophysics, 1957, 22 (3): 523 – 552.

[118] Nakatsuji K, Tamai M, Murota A. Dynamic behaviors of sand clouds in water [J]. International Conference on Physics Modelling of Transport and Dispersion, 1990 (8C): 1.

[119] Nezu I. Open-channel flow turbulence and its research prospect in the 21st century [J]. Journal of Hydraulic Engineering, ASCE, 2005, 131 (4): 229 – 246.

[120] Nezu I, Azuma R. Turbulence characteristics and interaction between particles and fluid in particle-laden open channel flows [J]. Journal of Hydraulic Engineering, ASCE, 2004, 130 (10): 988 – 1001.

[121] Nezu I, Nakagawa H. Turbulence in open-channel flows [M]. Rotterdam: IAHR – Monograph, 1993.

[122] Nikora V I, Goring D G. Fluctuations of suspended sediment concentration and turbulent sediment fluxes in an open-channel flow [J]. Journal of Hydraulic Engineering, ASCE, 2002, 128 (2): 214 – 224.

[123] Noguchi K, Nezu I. Particle-turbulence interaction and local particle concentration in sediment-laden open-channel flows [J]. Journal of Hydro – Environment Research, 2009, 3 (2): 54 – 68.

[124] Oda K, Shigematsu T. Development of a numerical simulation method for predicting the settling behavior and deposition configuration of soil dumped into waters [J]. Coastal Engineering Proceedings, 1994, 24: 3305 – 3319.

[125] Ong M C, Holmedal L E, Myrhaug D. Numerical simulation of suspended particles around a circular cylinder close to plane wall in the upper-transition flow regime [J]. Coastal Engineering, 2012, 61 (1): 1 – 7.

[126] O'Brien M P. Review of the theory of turbulent flow and its relation to sediment-transportation [J]. Transactions, American Geophysical Union, 1933, 14 (1): 487 – 491.

[127] Pang M J, Wei J J, Yu B. Effect of particle clusters on turbulence

modulations in liquid flow laden with fine solid particles [J]. Brazilian Journal of Chemical Engineering, 2011, 28 (3): 433-446.

[128] Panton R. Flow properties for the continuum viewpoint of a non-equilibrium gas-particle mixture [J]. Journal of Fluid Mechanics, 1968, 31 (2): 273-303.

[129] Parshikov A N, Medin S A. Smoothed particle hydrodynamics using inter-particle contact algorithms [J]. Journal of Computational Physics, 2002, 180 (1): 358-382.

[130] Pope S B. Lagrangian PDF methods for turbulent flows [J]. Annual Review of Fluid Mechanics, 1994, 26: 23-63.

[131] Price D J. Smoothed particle hydrodynamics and magnetohydrodynamics [J]. Journal of Computational Physics, 2012, 231 (3): 759-794.

[132] Ren B, Li C, Yan X, et al. Multiple-fluid SPH simulation using a mixture model [J]. ACM Transactions on Graphics, 2014, 33 (5): 171.

[133] Ren B, Wen H, Dong P, et al. Improved SPH simulation of wave motions and turbulent flows through porous media [J]. Coastal Engineering, 2016, 107: 14-27.

[134] Richardson J F, Zaki W N. Sedimentation and fluidization, part 1 [J]. Transactions of the Institution of Chemical Engineers, 1954, 32: 35-53.

[135] Robinson M, Monaghan J J. Direct numerical simulation of decaying two-dimensional turbulence in a no-slip square box using smoothed particle hydrodynamics [J]. International Journal for Numerical Methods in Fluids, 2012, 70 (1): 37-55.

[136] Rogers B D, Dalrymple R A. SPH modeling of breaking waves [C] // Smith J M, eds. Proceedings of 29th International Conference on Coastal Engineering. Lisbon: World Scientific Press, 2005: 415-427.

[137] Rouse H. Modern conceptions of the mechanics of fluid turbulence [J]. Transactions of ASCE, 1937, 102 (1): 463-505.

[138] Rubinow S I, Keller J B. The transverse force on a spinning sphere moving in a viscous fluid [J]. Journal of Fluid Mechanics, 1961, 11 (3): 447-459.

[139] Salamon P, Fernandez-Garcia D, Gomez-Hernandez J J. A review and numerical assessment of the random walk particle tracking method [J].

Journal of Contaminant Hydrology, 2006, 87 (3 - 4): 277 - 305.

[140] Schiller L, Naumann A. A drag coefficient correlation [J]. Zeitschrift des Vereines Deutscher Ingenieure, 1935, 77: 318 - 320.

[141] Shakibaeinia A, Jin Y C. A mesh-free particle model for simulation of mobile-bed dam break [J]. Advances in Water Resources, 2011, 34 (6): 794 - 807.

[142] Shakibaeinia A, Jin Y C. MPS mesh-free particle method for multiphase flows [J]. Computer Methods in Applied Mechanics and Engineering, 2012, 229 - 232: 13 - 26.

[143] Shao S, Gotoh H. Turbulence particle models for tracking free surfaces [J]. Journal of Hydraulic Research, 2005, 43 (3): 276 - 289.

[144] Shao S. Incompressible SPH flow model for wave interactions with porous media [J]. Coastal Engineering, 2010, 57 (3): 304 - 316.

[145] Shao S. Incompressible smoothed particle hydrodynamics simulation of multifluid flows [J]. International Journal for Numerical Methods in Fluids, 2012, 69 (11): 1715 -1735.

[146] Shi H, Yu X. Application of transport timescales to coastal environmental assessment: A case study [J]. Journal of Environmental Management, 2013, 130 (1): 176 - 184.

[147] Shi H, Yu X, Dalrymple R A. Development of a two - phase SPH model for sediment laden flows [J]. Computer Physics Communications, 2017, 221: 259 - 272.

[148] Sokolichin A, Eigenberger G, Lapin A. Simulation of buoyancy driven bubbly flow: Established simplifications and open questions [J]. AIChE Journal, 2004, 50 (1): 24 - 45.

[149] Soldati A, Marchioli C. Physics and modeling of turbulent particle deposition and entrainment: Review of a systematic study [J]. International Journal of Multiphase Flow, 2009, 35 (9): 827 - 839.

[150] Sommerfeld M. Validation of a stochastic Lagrangian modeling approach for inter - particle collisions in homogeneous isotropic turbulence [J]. International Journal of Multiphase Flow, 2001, 27 (10): 1829 - 1858.

[151] Sun X, Sakai M, Yamada Y. Three-dimensional simulation of a solid-liquid flow by the DEM - SPH method [J]. Journal of Computational Physics, 2013, 248: 147 - 176.

[152] Takeda H, Miyama S M, Sekiya M. Numerical simulation of viscous flow by Smoothed Particle Hydrodynamics [J]. Progress of Theoretical Physics, 1994, 92 (5): 939 – 960.

[153] Tan S K, Cheng N S, Xie Y, et al. Incompressible SPH simulation of open channel flow over smooth bed [J]. Journal of Hydro – Environment Research, 2015, 9 (3): 340 – 353.

[154] Tartakovsky A M, Meakin P. Pore scale modeling of immiscible and miscible fluid flows using smoothed particle hydrodynamics [J]. Advances in Water Resources, 2006, 29 (10): 1464 – 1478.

[155] Thomas P J. On the influence of the Basset history force on the motion of a particle through a fluid [J]. Physics of Fluids A: Fluid Dynamics, 1992, 4 (9): 2090 – 2093.

[156] Thomson D J. Random walk modeling of diffusion in inhomogeneous turbulence [J]. Quarterly Journal of the Royal Meteorological Society, 1984, 110 (466): 1107 – 1120.

[157] Toro E F. Shock capturing methods for free surface shallow flows [M]. New York: John Wiley & Sons, 2001.

[158] Tsuji Y, Morikawa Y, Mizuno O. Experimental measurement of the Magnus force on a rotating sphere at low Reynolds numbers [J]. Journal of Fluids Engineering, 1985, 107 (4): 484 – 488.

[159] Tsuo Y P, Gidaspow D. Computation of flow patterns in circulating fluidized-beds [J]. AICHE Journal, 1990, 36 (6): 885 – 896.

[160] Umeyama M. Velocity and concentration fields in uniform flow with coarse sands [J]. Journal of Hydraulic Engineering, ASCE, 1999, 125 (6): 653 – 656.

[161] Van Rijn L C. Sediment transport, Part II: suspended load transport [J]. Journal of Hydraulic Engineering, ASCE, 1984, 110 (11): 1613 – 1641.

[162] Vanoni V A. Transportation of suspended sediment by water [J]. Transactions of ASCE, 1946, 111: 67 – 102.

[163] Vanoni V A. Sedimentation Engineering [M]. Reston: ASCE, 2006.

[164] Verlet L. Computer experiments on classical fluids. I. Thermodynamical properties of Lennard-Jones molecules [J]. Physical Review, 1967, 159 (1): 98 – 103.

[165] Vila J P. On particle weighted methods and smooth particle hydrody-

namics [J]. Mathematical Models and Methods in Applied Sciences, 1999, 9 (2): 161-209.

[166] Vreman B, Geurts B J, Deen N G, et al. Two-and four-way coupled Euler – Lagrangian Large – Eddy simulation of turbulent particle-laden channel flow [J]. Flow Turbulence and Combustion, 2009, 82 (1): 47-71.

[167] Wang Y, James P W. Assessment of an eddy-interaction model and its refinements using predictions of droplet deposition in a wave-plate demister [J]. Chemical Engineering Research & Design, 1999, 77 (A8): 692-698.

[168] Wang X K, Qian N. Turbulence characteristics of sediment-laden flow [J]. Journal of Hydraulic Engineering, ASCE, 1989, 115 (6): 781-800.

[169] Wang Q, Squires K D. Large eddy simulation of particle deposition in a vertical turbulent channel flow [J]. International Journal of Multiphase Flow, 1996, 22 (4): 667-683.

[170] Wang L P, Stock D E. Stochastic trajectory models for turbulent-diffusion: Monte – Carlo process versus Markov – Chains [J]. Atmospheric Environment Part A – General Topics, 1992, 26 (9): 1599-1607.

[171] Wang L P, Stock D E. Dispersion of heavy particles by turbulent motion [J]. Journal of the Atmospheric Sciences, 1993, 50 (13): 1897-1913.

[172] Wang R, Law A W, Adams E E. Large Eddy Simulation (LES) of settling particle cloud dynamics [J]. International Journal of Multiphase Flow, 2014, 67: 65-75.

[173] Wei Z, Dalrymple R A, Hérault A, et al. SPH modeling of dynamic impact of tsunami bore on bridge piers [J]. Coastal Engineering, 2015, 104 (1): 26-42.

[174] Wren D G, Bennett S J, Barkdoll B D. Distributions of velocity, turbulence, and suspended sediment over low-relief anti-dunes [J]. Journal of Hydraulic Research, 2005, 43 (1): 3-11.

[175] Xiong Q, Deng L, Wang W, et al. SPH method for the two-fluid modeling of particle-fluid fluidization [J]. Chemical Engineering Science, 2011, 66 (9): 1859-1865.

[176] Yarin L P, Hetsroni G. Turbulence intensity in dilute 2 – phase flows. 3.

The particles turbulence interaction in dilute 2 – phase flow [J]. International Journal of Multiphase Flow, 1994, 20 (1): 27 – 44.

[177] Yeganeh – Bakhtiary A, Shabani B, Gotoh H, et al. A three – dimensional distinct element model for bed-load transport [J]. Journal of Hydraulic Research, 2009, 47 (2): 203 – 212.

[178] Yeganeh – Bakhtiary A, Zanganeh M, Kazemi E, et al. Euler – Lagrange two-phase model for simulating live-bed scour beneath marine pipelines [J]. Journal of Offshore Mechanics and Arctic Enginnering, 2013, 135 (3): 031705.

[179] Yu X, Hsu T J, Jenkins J T, et al. Predictions of vertical sediment flux in oscillatory flows using a two-phase, sheet-flow model [J]. Advances in Water Resources, 2012, 48: 2 – 17.

[180] Yuan Z, Michaelides E E. Turbulence modulation in particulate flows – A theoretical approach [J]. International Journal of Multiphase Flow, 1992, 18 (5): 779 – 785.

[181] Zhang M. Simulation of surface tension in 2D and 3D with smoothed particle hydrodynamics method [J]. Journal of Computational Physics, 2010, 229 (19): 7238 – 7259.

[182] Zhong D Y, Wang G Q, Sun Q C. Transport equation for suspended sediment based on two-fluid model of solid/liquid two-phase flows [J]. Journal of Hydraulic Engineering, ASCE, 2011, 137 (5): 530 – 542.

[183] Zhou J J, Lin B N. One-dimensional mathematical model for suspended sediment by lateral integration [J]. Journal of Hydraulic Engineering, ASCE, 1998, 124 (7): 712 – 717.

[184] Zou S. Coastal sediment transport simulation by Smoothed Particle Hydrodynamics [D]. Baltimore: the Johns Hopkins University, Department of Civil Engineering, 2007.

[185] 蔡树棠, 范正翘, 陈越南. 两相流基本方程 [J]. 应用数学和力学, 1986, 7 (6): 477 – 485.

[186] 陈鑫. 水沙两相紊流数学模型及其在近岸泥沙运动中的应用 [D]. 北京: 清华大学水利水电工程系, 2012.

[187] 陈天翔. 多相流体力学的场方程及其平均 [J]. 力学进展, 1986, 16 (4): 482 – 494.

[188] 程伟平, 毛根海, 章军军. 抛泥过程中泥沙云团运动的双流体大涡模拟与试验研究 [J]. 水力发电学报, 2006, 25 (3): 110 – 115.

[189] 窦国仁. 潮汐水流中的悬沙运动及冲淤计算 [J]. 水利学报，1963，(4)：13-23.

[190] 窦国仁. 紊流力学 [M]. 北京：人民教育出版社，1981.

[191] 李丹勋. 悬移质颗粒运动特性的研究 [D]. 北京：清华大学水利水电工程系，1999.

[192] 李勇. 基于固液两相紊流理论的近岸悬移质泥沙运动数值研究 [D]. 北京：清华大学水利水电工程系，2007.

[193] 李勇，余锡平. 往复流作用下悬移质泥沙运动规律的数值研究 [J]. 水动力学研究与进展 A，2007，22 (4)：420-426.

[194] 刘大有. 两相流体动力学 [M]. 北京：高等教育出版社，1993.

[195] 刘谋斌，常建忠. 光滑粒子动力学方法中粒子分布与数值稳定性分析 [J]. 物理学报，2010，59 (6)：3654-3662.

[196] 毛在砂. 颗粒群研究：多相流多尺度数值模拟的基础 [J]. 过程工程学报，2008，8 (4)：645-659.

[197] 孔令双. 河口、海岸波浪、潮流、泥沙数值模拟 [D]. 青岛：青岛海洋大学，2001.

[198] 钱宁，万兆惠. 泥沙运动力学 [M]. 北京：科学出版社，1983.

[199] 吴英海，朱维斌，陈晓华，等. 围滩吹填工程对水环境的影响分析 [J]. 水资源保护，2005，21 (2)：53-56.

[200] 杨华，侯志强. 黄骅港外航道泥沙淤积问题研究 [J]. 水道港口，2004，25 (z1)：59-63.

[201] 张弛，张雨新，万德成. SPH 方法和 MPS 方法模拟溃坝问题的比较分析 [J]. 水动力学研究与进展 A 辑，2011，26 (6)：736-746.

[202] 周力行. 湍流气粒两相流动和燃烧的理论与数值模拟 [M]. 北京：科学出版社，1994.

Abstract

This book presents the development and applications of an Eulerian-Lagrangian two-phase model for suspended load in dilute sediment-laden flows and an Eulerian-Eulerian two-phase SPH model for sediment transport in violent free surface flows. The proposed Eulerian-Lagrangian model is applied to suspended load in uniform open channel flows, and the particle-turbulence interaction is discussed. The Eulerian-Eulerian SPH model is applied to sand dumping in dredging engineering, and the characteristics of the settling sand cloud as well as the motion of the free water surface are studied. It is shown that the proposed models are effective for numerical study of sediment dynamics.

This book is intended for scientists and engineers involved with the study of sediment dynamics, and it can also be used as a reference book for teachers and students in river and coastal engineering.

CONTENTS

Preface

Nomenclature

Chapter 1 Introduction ··· 1
  1.1 Study of sediment transport ································ 1
  1.2 Numerical models for sediment transport ················ 3
  1.3 Two-phase models for sediment transport ··············· 4
  1.4 Outline of the book ·· 8

Chapter 2 An Eulerian-Lagrangian two-phase model ·············· 10
  2.1 Governing equations ·· 10
  2.2 Stochastic model for particle diffusion ··············· 19
  2.3 Discretization and solution ······························ 24

Chapter 3 Application of Eulerian-Lagrangian model to suspended load in uniform open channel flows ····················· 27
  3.1 Computation setup ·· 27
  3.2 Profiles of sediment concentration ···················· 31
  3.3 Modifications of Eddy Interaction Model ··············· 41
  3.4 Modification of Rouse profile ··························· 47

Chapter 4 An Eulerian-Eulerian two-phase SPH model ············ 50
  4.1 SPH method ·· 50
  4.2 Governing equations ·· 57
  4.3 Discretization and solution ······························ 69

Chapter 5 Application of Eulerian-Eulerian SPH model to sand dumping ··· 78
  5.1 Computation setup ·· 78
  5.2 Sensitivity study ··· 81
  5.3 Characteristics of settling sand cloud ················· 84
  5.4 Motion of free water surface ······························ 92

References ··· 94

"水科学博士文库"编后语

　　水科学博士是当今活跃在我国水利水电建设事业中的一支重要力量，是从事水利水电工作的专家群体，他们代表着水利水电科学最前沿领域的学术创新"新生代"。为充分挖掘行业内的学术资源，系统归纳和总结水科学博士科研成果，服务和传播水电科技，我们发起并组织了"水科学博士文库"的选题策划和出版。

　　"水科学博士文库"以系统地总结和反映水科学最新成果，追踪水科学学科前沿为主旨，既面向各高等院校和研究院，也辐射水利水电建设一线单位，着重展示国内外水利水电建设领域高端的学术和科研成果。

　　"水科学博士文库"以水利水电建设领域的博士的专著为主。所有获得博士学位和正在攻读博士学位的在水利及相关领域从事科研、教学、规划、设计、施工和管理等工作的科技人员，其学术研究成果和实践创新成果均可纳入文库出版范畴，包括优秀博士论文和结合新近研究成果所撰写的专著以及部分反映国外最新科技成果的译著。获得省、国家优秀博士论文奖和推荐奖的博士论文优先纳入出版计划，择优申报国家出版奖项，并积极向国外输出版权。

　　我们期待从事水科学事业的博士们积极参与、踊跃投稿（邮箱：lw@waterpub.com.cn），共同将"水科学博士文库"打造成一个展示高端学术和科研成果的平台。

中国水利水电出版社
水利水电出版分社
2017 年 10 月